全国高等卫生职业教育创新型人才培养"十三五"规划教材

供医学美容技术等专业使用

身体护理技术

主 编 熊 蕊 王 艳 梁超兰

副主编 陈志峰 陈丽君 杨海腾

编 者 (以姓氏笔画为序)

王 艳 湖北中医药高等专科学校

阮夏君 北京留指间玉健康管理有限公司

杨海腾 湖北职业技术学院

张秋月 湖北航天医院

陈 娟 湖北职业技术学院

陈志峰 湖北省孝感市第一人民医院

陈丽君 皖北卫生职业学院

金 瑞 北京留指间玉健康管理有限公司

秦晓瑞 北京留指间玉健康管理有限公司

梁超兰 湖北职业技术学院

温中梅 湖北职业技术学院

熊 蕊 湖北职业技术学院

编写秘书

梁超兰 湖北职业技术学院

U0343114

华中科技大学出版社
http://www.hustp.com
中国·武汉

内 容 简 介

本书是全国高等卫生职业教育创新型人才培养"十三五"规划教材。

本书的编写以"创新型"人才培养为指导思想,以满足高职医学美容技术专业的教学需求和医学美容机构、美容企业工作岗位对医学美容人才知识、能力、素质的要求为宗旨,以实现高素质技术技能型医学美容技术人才培养为目标。全书共十个项目:概述、芳香精油的应用、身体护理服务流程、身体按摩项目、美胸护理、减肥护理、肩颈部护理、手臂护理、足部护理和脱毛护理等。

本书适合高职医学美容技术、美容美体艺术、人物形象设计等专业使用。

图书在版编目(CIP)数据

身体护理技术/熊蕊,王艳,梁超兰主编.—武汉:华中科技大学出版社,2017.1(2024.8 重印)

全国高等卫生职业教育创新型人才培养"十三五"规划教材.医学美容技术专业

ISBN 978-7-5680-2519-5

Ⅰ.①身…　Ⅱ.①熊…　②王…　③梁…　Ⅲ.①皮肤-护理-高等职业教育-教材　Ⅳ.①TS974.11

中国版本图书馆 CIP 数据核字(2017)第 001316 号

身体护理技术　　　　　　　　　　　　　　　　　熊　蕊　王　艳　梁超兰　主编
Shenti Huli Jishu

策划编辑:居　颖
责任编辑:熊　彦
封面设计:原色设计
责任校对:张　琳
责任监印:周治超
出版发行:华中科技大学出版社(中国·武汉)　　电话:(027)81321913
　　　　　武汉市东湖新技术开发区华工科技园　　邮编:430223
录　　排:华中科技大学惠友文印中心
印　　刷:武汉科源印刷设计有限公司
开　　本:787mm×1092mm　1/16
印　　张:7.5
字　　数:202 千字
版　　次:2024 年 8 月第 1 版第 8 次印刷
定　　价:39.80 元

全国高等卫生职业教育创新型
人才培养"十三五"规划教材
（医学美容技术专业）

编委会

前言

QIANYAN

为了贯彻落实《高等职业教育创新发展行动计划(2015—2018年)》,推动高职医学美容技术专业教育教学改革,培养高素质技术技能型医学美容技术人才,在总结近几年高职医学美容技术专业身体护理技术教学经验的基础上,结合美容行业职业标准,依据各医疗美容机构、美容会所岗位能力要求,分析典型工作任务,确定教学内容及各项目并编写了《身体护理技术》教材。本书是湖北省高等学校省级教学研究项目"高职医学美容技术专业顶岗实习标准的研究与实践"(项目编号:2014466)和校级课题"医学美容技术专业学分制改革的研究与实践"成果之一。

本书遵循"三基五性"("三基"即基本理论、基本知识、基本技能,"五性"即科学性、先进性、实用性、针对性和启发性)的基本原则,突出学生综合职业能力的培养。教材编写具有以下特点。一是以美容行业职业标准及岗位能力要求为依据,以工作过程为导向,立足高职医学美容技术专业人才培养目标,将教学内容整合为十个项目:概述、芳香精油的应用、身体护理服务流程、身体按摩项目、美胸护理、减肥护理、肩颈部护理、手臂护理、足部护理和脱毛护理。在内容的安排上,以项目为主导,以技能培养为主线,理论联系实际,淡化了教材内容的纯理论性,兼顾了基础性。二是在编写体例上,针对高职高专学生基础薄弱、思维活跃等特点,注重激发学生的学习兴趣,每个项目都展示了学习目标,以便于学生目标清晰地学习并抓住学习要点;以"导学案例"为引导,提出相应的思考问题,设计教学活动,使学生通过对案例的分析来获得知识与技能,培养其分析问题和解决问题的能力;穿插知识拓展,激发学生的学习兴趣。每一项目后面都附有能力检测题和重点提示。三是强调职业针对性。结合项目操作流程,以顾客为中心,模拟工作情境。在教材的编写中,充分考虑工作情境对教学过程、教学效果的影响,利用美容仪器、设备、产品及案例营造具有真实工作情境(职业环境)特点的教学环境。最后,教材内容及文字简明,安排合理,详略得当,重点突出,图文并茂,充分体现了教材的实用性。

本书是高职医学美容技术及相关专业的教学用书,也可作为社会人员的培训和自学教材,还可以作为"中、高级美容师"职业技能鉴定辅导教材。

本书的编写得到了各位编者及相关用人单位的大力支持,在此表示衷心的感谢!由于医学美容技术专业的特殊性,加上编者水平有限,书中难免会有不足和疏漏之处,恳请广大读者谅解并予以指正。

编者

目录

MULU

项目一　概　述

学习目标

1. 掌握身体护理的定义、方法和注意事项及水疗、SPA 的定义。
2. 熟悉身体护理的作用。
3. 了解身体护理的起源与发展。

项目描述

本项目主要介绍身体护理的起源与发展、概念及作用,阐述了身体护理的常用方法和注意事项,学生通过学习本项目,对身体护理技术课程有一个粗浅的认识,为后续身体护理知识和技能的学习打下基础。

一、身体护理的起源和发展

人类从诞生起就开始了对美的追求。古人在创造劳动工具的同时,也为自己创造了各式各样的装饰和美容用品,从石头、贝壳、骨头、陶瓷、象牙制作的项链、耳饰,到金属、宝石制成的衣饰、戒指、头饰等。还有利用自然界丰富的植物和动物的脏器提炼制造的美容护肤品、化妆品。直至今日,民间还流传着直接用植物的茎、叶来护肤、护发、美甲的方法。

古埃及,人们用动物的油脂涂抹皮肤以防飞虫的叮咬,用树脂、树根和树皮制造香水和化妆品,在沐浴后用香油、香水或油膏滋润皮肤。古埃及人认为身体护理有着丰富的内涵,他们认为,香熏、沐浴、芳香剂及化妆品的使用可以净化心灵,与宇宙平衡。

古希腊医学奠基人希波克拉底医师的著作中出现了不少关于身体保健、美容知识和方法的介绍。如,经常做沐浴和按摩会使皮肤变得光滑柔嫩,涂抹香脂可以帮助妇女恢复皮肤的活力等。古希腊人的沐浴方式多种多样,如热水盆浴、蒸汽熏蒸等。

在古罗马,人们继承了许多希腊人的习俗并得以发展,他们以"浴疗"来进行身体保养。公元前 25 年,罗马帝王建立了第一个"温泉浴室",相对现代而言,那是一个奢侈的 SPA 场所,有完备的沐浴设备,专用的理疗室,还有图书室、运动厅、餐厅和剧院等。他们还把从植物中提取的香精滴入洗澡水中,并用蘸有从植物提取的香液的海绵来擦洗身体。

在我国,身体养生保健历史源远流长。商周时期人们就知道洗澡、洗面,甲骨文中就有"沐"和"浴"等字,可见此时是身体护理的萌芽时期。战国时期出现了面脂、唇脂和发蜡等。

《山海经》《养生方》等书籍中记载了治疗痤疮、防治皮肤皱褶的药物和助人长寿的药方。

秦汉至三国时期，在《黄帝内经》这部巨著中，涉及养生保健、美容美体的内容出现于多个篇章中。这部著作从人体、自然、社会的整体观来审视人的健康与美丽，认为人不是孤立存在的，与社会的协调、平衡构成了人与社会的统一，与自然界的协调、平衡构成了天人相应的统一，体内与体表的协调、平衡构成了人体自身的统一。这些理论为身体护理的发展奠定了基础。秦汉时期的《神农本草经》收载了 365 种药物，其中具有身体养生保健和美容治疗作用的药物 160 余种，如白芷"长肌肤润泽，可作面脂"等。

唐代，由于政治稳定、经济繁荣，身体美容保健的发展也日趋完善。著名医家孙思邈的《千金翼方》记载了很多美化身体皮肤、面容、毛发和治疗面部疾病的方剂，还介绍了针灸美容、膳食美容、养生美容等各种方法，并通过自身实践证实了养生长寿驻颜理论。

宋代，王怀隐等人编著的《太平圣惠方》中载有大量美容方剂和方法。其中第 40 卷以美容方为主，如"令面光泽洁白诸方""生发令长诸方""令发润泽诸方"等。元朝的《御药院方》记载了宋、金、元三代的宫廷秘方千余首，其中有 180 余种美容和身体养生保健方，如"皇后洗面药""玉容膏""益寿地仙丸"等。

明代李时珍所著《本草纲目》介绍了有关美容药物 270 余种，功效涉及增白、驻颜、治疗粉刺、抗皱及美体等方面，如"梨花、李花、木瓜花、樱桃花，并入面脂，去黑皱皮，好颜色"，为美容、身体保健打下了良好的基础。

清朝时期，身体护理得到了较大发展。从宫廷医案中可以看出当时宫廷美容已达到相当高的水平。慈禧太后用人乳沐浴，鸡蛋清抹脸，西桂汁洒身，口服珍珠粉。

近代工业革命在给社会带来繁荣的同时，也给人类带来了更加灿烂的美容文化，皮肤、头发及身体保养的各种类型的化妆品在 20 世纪 20 年代大量上市。20 世纪 30 年代，欧洲就已经将电疗身体护理仪作为身体护理的一种标准方式。在中国，由于电疗身体护理仪价格较贵，只有少数规模较大的美容院才使用。第二次世界大战期间，电影成了女性在服饰、发型及化妆方面的引导。战后的繁荣，又引起了人们对时髦服饰、发型及化妆品的极大兴趣。化妆品在大多数家庭中被广泛使用。美容院、按摩院开始在使用方法上有了更多的认识。皮肤的保养更注重科学性与合理性，注重运动、膳食、心理的全面平衡。而各种美容仪器的诞生，药物、医疗手段的应用，不仅使美容的内容从局部扩展到全身，而且使美容学的概念有了全新的内涵。纵观历史，可以发现，美容美体技术是随着人类的爱美天性而出现，随着人们的需求而发展的。爱美，是人类天性的永恒追求。

现代社会女性拥有更多、更先进的美容方法，她们通过自然美容、蒸汽美容等，使自己青春常驻、容颜俊美。目前，身体护理更注重回归自然。很多大型的度假 SPA 都是建立在具有天然环境的地区，在这样的环境中，人们能够身心放松，与大自然协调、平衡，达到天人合一的状态。因此，人们更容易接受天然的，能对人体带来良好效用的身体护理方法和产品。

二、身体护理的概念和作用

（一）身体护理的概念

身体护理是指通过运用各种护理产品和护理方法，配合视觉、听觉、嗅觉、味觉、触觉等感觉疗法和心理调适，达到缓解压力、保养皮肤、塑造体型、解决身体的亚健康问题，促进人体的生理、心理和社会协调发展和人体健康美的综合性护理方法。

SPA 是身体护理的内容之一。SPA 是希腊语 Solus(健康)Par(在)Aqua(水中)的缩写,意为"健康之水",是指人们利用天然的水资源结合沐浴、按摩和香熏来促进新陈代谢,满足人体视觉、味觉、触觉、嗅觉和听觉,达到一种身心畅快的享受。

SPA 是集美容、健康、休闲于一体的全方位调养身体的护理方法,是利用矿泉水中的矿物质、微量元素,并辅助以芳香精油成分,通过洗、按、揉、搓、推、敷、熏、吸入等方式,使身体吸收,达到补充肌肤所需养分,增加皮肤弹性,加速新陈代谢,促进血液循环、活络筋骨、排毒、健身、养颜功效的自然疗法。

最早的 SPA 源于 15 世纪中期,靠近比利时列日市的一个叫做 Spau 的小山谷,这是一个含有丰富矿物质的热温泉区,当地的居民通过泡温泉浴治疗各种疾病与疼痛。由此,当地的温泉浴远近闻名。18 世纪后,SPA 开始在欧洲贵族中风行,成为贵族们休闲度假、强身健体的首选。

SPA 有不同的类型,有的侧重于放松舒缓、排毒,有的以健美瘦身为重点,还有的以熏香精油、海洋活水或纯草本疗法为重点。但无论是哪种类型的 SPA,都是以满足顾客听觉(疗效音乐)、嗅觉(天然花草熏香精油)、视觉(自然景观)、味觉(健康餐饮)、触觉(按摩呵护)等五种愉悦感官的基本需求为目的。

(二)身体护理的作用

1. 保养皮肤 定期到美容院做身体护理,能有效地清除老化的角质,有助于保持毛孔畅通,增进新陈代谢,加强皮肤的呼吸功能;涂抹适量的身体乳,使身体皮肤滋润、滑嫩;通过热水沐浴或泡浴,能提高神经系统的兴奋性,使血管扩张,促进血液循环,改善器官和组织的营养,使皮肤处于最佳健康状态。

2. 解决身体亚健康状况 首先是改善皮肤。通过洁肤、按摩、敷身体膜、润肤等一系列正确的身体护理操作,可加强皮肤的保护、再生和自我修复功能,有助于改善皮肤的不良状况,如晦暗、肤质粗糙等,从而保持皮肤健康、美丽。其次,通过正确的按摩手法和仪器治疗刺激身体穴位,活血化瘀、祛风散寒、疏通经络,改善肩颈部及腰背酸痛,头晕、头痛、失眠多梦等不适症状。对身体的循环、呼吸、消化、内分泌、神经、运动、皮肤等系统都会产生较好的护理作用,使其处于良好状态。

3. 舒缓压力 在身体护理过程中,舒适的环境、轻松的音乐、美容师精湛的护理技术以及与顾客的真诚交流,均有助于其神经肌肉的放松,舒缓压力。

4. 健美形体 通过制定个性化的身体护理方案,如运动、饮食、按摩、仪器、塑身、心理护理等一系列措施,加上美体师的正确指导,不仅能改善身体的亚健康状态,还能使顾客形体健美,增加其自信心。

三、身体护理方法和注意事项

(一)身体护理方法

1. 水疗 水疗属于物理疗法。按使用方法可分为泡浴、淋浴、喷射浴、漩涡浴、气泡浴和汗蒸浴(图 1-1、图 1-2、图 1-3);按温度不同可分为高温水浴、温水浴、平温水浴和冷水浴;按所含溶质(或药物)可分为碳酸浴、松脂浴、盐水浴和淀粉浴等。

1)概念 水疗是指用各种不同温度、压力和成分的水,以不同形式和方法,即浸、冲、擦、淋、洗等作用于人体全身或局部,以缓解身体疲劳、肌肉酸痛、精神压力,达到放松减压、防病

图 1-1　汗蒸浴

图 1-2　泡浴

图 1-3　淋浴

治病目的的方法。水疗简便易行,不像药物疗法那样副作用较多,也不像矿泉疗法受疗养地点、环境等条件限制。由于水的比热容和热容量均很大,携带热能比较容易。其传热的方式有传导和对流。水除传热作用外,还有浮力、压力和水流、水射流的冲击等机械作用,还可溶解各种营养物质及药物,起治疗作用。水疗时应根据顾客或患者病情的需要选择水温、方法及药物。如泡浴、淋浴、喷射浴和冷水浴多用于增强体质和养生美体;高温全身淀粉浸浴,临床常用浸浴治疗植物神经功能失调、神经官能症、全身性皮肤病、关节炎等;漩涡浴是通过在水中运动治疗运动功能障碍、神经系统疾病。

▌知识拓展▐

沐浴的发展史

　　我国沐浴历史悠久,早在殷商时代,甲骨文中就有沐浴的记载。《周礼》中也有"王之寝中有浴室"的记载。到春秋时期,人们已开始使用专门的设备来洗澡了。南朝梁简文帝萧纲曾著有《沐浴经》三卷,这是我国至今发现的最早研究洗澡的专著。

　　史书记载,公元334年,东晋石虎在邺城盖了"龙温池",这是我国较早的大型私人浴室。西安临潼闻名中外的温泉浴室"华清池",则建于唐代。

　　宋代,随着商业的繁荣,营业性的公共浴室应运而生。宋代吴曾的《能改斋漫录》中,有"公所在浴处,必挂壶于门"的记载,说明宋代的公共浴室还挂有招徕顾客的标志。非但如此,当时已出现了代客擦背的专职服务人员,他们很受洗澡人的欢迎。苏东坡曾在一首《如梦令》词里赞叹过他们的劳动:"寄词擦背人,昼夜劳君挥肘"。至16世纪,我国的公共浴室就相当普遍了。

　　2)作用

　　①对皮肤的作用:皮肤有大量的脊神经和植物性神经末梢,水对末梢神经的刺激,能影响中枢神经和内脏器官的功能,达到镇痛、镇静、催眠,消炎、退热,兴奋、发汗、利尿,降低肌肉紧张度、缓解痉挛、促进新陈代谢和改善神经系统调节功能等作用。

　　②对心血管的作用:全身温水浴时(36～38 ℃),周围血管扩张,血压下降,心跳加快,体内血液再分配。若血液再分配改变加剧时,会出现面色改变、头痛、头晕、耳鸣、眼花等脑血管循环降低的症状,尤见于体弱、贫血或高血压病、有脑充血倾向患者。因此,温水浴时应注意

密切观察,尽量避免发生上述症状。全身热水浴时(39 ℃以上),血压开始上升,继而下降,然后再上升。先是在高温下血管发生痉挛,继而血管扩张,出现心跳加快,心脏负担加重,健康人和心脏代偿能力良好者表现明显。全身冷水浴时,初期毛细血管收缩,心跳加速,血压上升,不久又出现血管扩张、心跳减慢、血压降低,立刻减轻了心脏的负担。因此寒冷能提高心肌能力,使心搏变慢,改善心肌营养。

③对肌肉的作用:在热的作用下,血管扩张、血氧增加、代谢加速,有利于肌肉疲劳的消除。短时间冷刺激可提高肌肉的应激能力,增加肌力,减少疲劳。但要避免长时间的冷刺激。

④对泌尿系统的作用:温热刺激能引起肾脏血管扩张而增强利尿。热水浴时,由于大量出汗排尿量反而减少。长时间温水浴后血液循环改善,24 h 内钠盐和尿素的排出量增加。冷水浴时出汗少,排尿量相对增多。

⑤对汗腺分泌的影响:热水浴后汗腺分泌增强,排出大量汗液,有害代谢产物和毒素排出增多。同时也会损失大量氯化钠,出现身体虚弱,应补充适量盐水。

⑥对神经及循环代谢的影响:冷水浴可增加气体代谢、脂肪代谢和血液循环,促进营养物质的吸收,亦可能兴奋神经。全身温水浴能引起体液密度和黏稠度增加,血红蛋白增加 14%,红细胞增加,白细胞也有增加,氧化过程加速,基础代谢率增高。热水浴(40 ℃以上)后神经兴奋,继而出现全身疲劳、欲睡。

3) 泡浴的常见方法

①醋浴:醋浴能促进血液循环,增强新陈代谢。在浴水中加少许醋,利用水的温度和醋的效用,能将身体的寒气由内而外去除,缓解疲劳;醋还含有丰富的酸类物质,能在每一次的沐浴中温和地祛除全身老化的角质层。

②海盐浴:海盐浴具有缓解疲劳、消毒杀菌、消肿、防止皮肤干燥和发痒等功效。在盛有温水的浴桶中加入 20 g 左右的海盐搅匀,然后用丝瓜络擦全身,使皮肤微微发热,再用温水冲洗干净,可使皮肤紧实富有弹性。亦可用温热植物油加入适量细盐,取毛巾浸湿擦皮肤有黑斑的地方,可祛除或减轻皮肤黑斑。

③牛奶浴:牛奶中含有重要的皮肤营养剂,对滋养皮肤、防止干燥有很好的作用,长期使用会使皮肤细腻柔滑。方法是在盛有温水的浴桶中倒入适量牛奶,浸浴 20～30 min。

④酒浴:酒浴具有对皮肤消毒、杀菌、强健肌肤的功效。因为酒浴能有效扩张皮肤血管,所以适用于治疗风湿痹痛、筋脉痉挛、肢体冷痛等。浴后使循环改善,代谢加快,皮肤光洁柔软富有弹性。方法是在盛有温水的浴桶中加入 500 mL 左右的黄酒(米酒)搅匀,浸泡 20 min,最后洗净。

⑤精油浴:精油通过嗅觉和经皮肤吸收,精油分子进入人体血液循环与体内化学成分反应影响人体各脏器,传递到中枢神经,影响精神和情绪。精油浴能对人体产生平静、镇静、振奋、滋润皮肤,防止皮肤干燥脱屑等作用。

⑥药草浴:药草浴是将中草药加入热水中熬煮,通过泡浴而达到防治疾病、强身健体作用的一种身体护理方法。在进行药草泡浴时,皮肤排汗加快,促进新陈代谢。药浴后,面色变得红润,皮肤细腻而有光泽,还可以促进肠胃蠕动,使排便更加通畅。

2. 身体皮肤保养

1) 概念 身体皮肤保养主要是通过清洁皮肤、去角质、敷身体膜、涂抹身体乳等操作方法进行的皮肤养护(图 1-4、图 1-5)。

图 1-4　去角质

图 1-5　敷身体膜

2）作用

①清洁皮肤,减少皮肤毛孔堵塞。

②去角质。

③给皮肤补充营养。

④促进皮肤健康。

3. 身体按摩

1）概念　身体按摩是指按摩者用按摩介质,通过手法或者按摩仪器在身体特定的部位进行按抚、按压的技法。常见的按摩方法有手法按摩和仪器按摩(图 1-6、图 1-7(a)、图 1-7(b))。手法按摩有推运类、按压类、揉捏类、叩击类、振动类手法及摩擦法等。

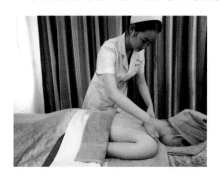

图 1-6　手法按摩

(a)　　　　　　(b)

图 1-7　按摩仪器

2）作用

①对循环系统的作用:扩张血管、促进血液循环、改善心肌供氧、加强心脏功能,帮助清除血液中的有害物质;改善淋巴循环,加速水和代谢产物的吸收和排出,消除身体各部位的肿胀、痉挛。

②对呼吸系统的作用:在胸部或颈背部进行按摩,通过对经络、穴位、神经等的刺激及传导作用,提高肺活量,改善呼吸功能,增强肺组织的弹性,使呼吸系统保持良好的状态。

③对消化系统的作用:使胃肠道平滑肌收缩力增强,加速胃肠蠕动;通过刺激交感神经,使支配内脏器官的神经兴奋,促进胃肠消化液的分泌。

④对免疫系统的作用:提高人体的免疫力,使白细胞的数量增加,增强白细胞吞噬细菌的能力。

⑤对神经系统的作用:局部按摩可使周围神经兴奋,加速传导反射作用;可镇静神经,减小其敏感性,使疼痛症状缓解或消失。

⑥对运动系统的作用：可使肌肉纤维被动式活动，放松肌肉，消除肌肉疲劳；按摩使血液循环加快，肌肉需要的氧气和营养物质得到及时补充，促进乳酸等代谢产物的吸收和排泄，提高肌肉的运动能力；防止肌肉萎缩，恢复和保持肌肉的正常生理功能；预防肌肉紧张及疼痛。

⑦对皮肤的作用：增加皮肤的弹性，延缓皱纹的出现；促进血液循环，使皮肤柔软、光滑，减少皮肤粗糙度，以改善肤色；促进干性皮肤的皮脂分泌；改善淋巴循环，促进废物排泄，改善皮肤瑕疵。

4. 改善身材的护理

1）概念　改善身材的护理包括减肥、塑身、胸部护理等。常见的减肥方法有手法和仪器减肥两种，通常结合减肥产品进行。胸部护理包括手法护理和仪器护理两种，配合产品可达到健胸、丰胸、美胸的效果。塑身就是根据个体差异和护理目的，将干绷带或浸泡过介质的湿绷带将身体某部分包裹起来，或选择调整型内衣、塑身仪器对身材进行调整，达到雕塑体型目的的方法（图 1-8(a)、图 1-8(b)）。

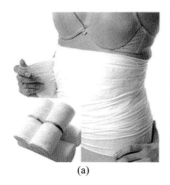

(a)　　　　　　　　　(b)

图 1-8　塑身

2）作用

①减肥瘦身。

②健胸、丰胸、美胸。

③雕塑良好的身体曲线，增强自信心。

（二）身体护理的注意事项

（1）美容顾问在为顾客做身体护理方案之前，必须详细询问其健康状况并予以记载，如有身体疾病，要告知实施身体护理的美容师。

（2）美容师在护理的过程中要随时听取顾客的诉求，观察顾客反应，顾客如有不适，随时调整护理计划。

（3）饭后 1 h 内及饮酒后不宜做身体护理。

（4）护理过程中注意保护顾客隐私。

（5）皮肤有开放性伤口及患有皮肤病者禁止做身体护理。

（6）感觉障碍者不宜做身体护理。

（7）患有精神疾病、癫痫、传染性疾病者禁止做身体护理。

（8）水疗的禁忌：

①意识不清、年老体衰及平衡感障碍者。

②心律不齐者。

③癫痫患者。

④血糖控制不良的糖尿病患者或低血糖症。

⑤严重下肢静脉曲张者。

⑥对光、热敏感者,如红斑狼疮患者。

⑦恶性肿瘤患者。

⑧血压控制不良的高血压患者。

⑨体位性低血压者。

⑩严重关节炎、骨质增生者。

本项目重点提示

(1)身体护理的概念和作用。

(2)身体护理的方法及注意事项。

(3)SPA 的概念。

能力检测

一、选择题

1. 下列不能做身体护理的顾客是(　　)。

A. 情绪不佳者　　B. 疲劳者　　　　C. 肩颈部酸痛者　D. 饮酒者

2. 身体皮肤保养的第一步是(　　)。

A. 去角质　　　　B. 清洁皮肤　　　C. 深层清洁皮肤　D. 上身体膜

二、填空题

1. 身体护理的作用有_____、_____、_____、_____。

2. 身体护理的方法包括_____、_____、_____、_____。

3. 按摩的作用有_____、_____、_____。

三、问答题

1. 身体护理的概念是什么?

2. 水疗的作用有哪些?

3. SPA 的定义是什么?

(熊　蕊　梁超兰)

项目二 芳香精油的应用

学习目标

1. 掌握精油的鉴别和使用方法及功效、调配原则及注意事项。能根据顾客身体状况选择合适的精油并调配使用。

2. 熟悉精油的定义、芳香疗法的定义及疗效。

3. 了解精油的分类。

项 目 描 述

本项目主要介绍精油的定义、性质、分类及功效,鉴别精油的方法和精油使用方法,芳香疗法的定义、疗效、配方及注意事项。通过本项目的学习,学生能根据不同顾客身体状况选择合适的精油并进行调配,为顾客实施芳香疗法。

案例引导

陈某,女,18岁,在校大学生,有痛经史。自述手脚冰凉、月经期腰酸、腹部寒凉。想通过精油调理身体。美容师小何选择玫瑰精油为其进行身体护理。

问题:

1. 你觉得小何的做法是否正确,为什么?

2. 作为美容师,应该怎么做?

一、芳香精油概述

(一)定义

植物芳香精油是由各种植物的根、茎、叶、花、果实及树脂等,配合现代高科技提炼出来的液态物质。它被称为植物的血液,蕴藏无穷的治疗功能,是植物界的"万灵药"(图 2-1、图 2-2)。

(二)性质

(1)精油大多为无色或淡黄色透明液体,多具有天然清香味,皮肤接触后有辛辣灼烧感。如薄荷油透明无色、薰衣草油呈淡黄色、佛手柑油呈淡绿色、广藿香油呈琥珀色。少数精油具

图 2-1　鼠尾草

图 2-2　精油

有其他颜色,如含奠精油多呈蓝色,佛手油呈绿色,桂皮油呈暗棕色,麝香草油呈红色,满山红油呈淡黄绿色,岩兰草油呈深咖啡色,万寿菊精油呈蓝色墨水样。

（2）精油具有挥发性。如将其滴在纸片上,放置较长时间后,精油挥发而不留痕迹,可区别于脂肪油。将几滴玫瑰油滴在闻香纸上,不久室内就可嗅到芬芳的玫瑰香气。

（3）精油多数比水轻,也有比水重的,如丁香油、桂皮油。相对密度一般在 0.85～1.065。精油均有化学活性,多具有强折光性,折光率在 1.43～1.61。精油的沸点一般在 70～300 ℃。

（4）精油具有亲油性。不溶于水,而易溶于油、乳化剂等护肤品,有利于皮肤吸收。

（5）精油具有不稳定性。与光线、水分、空气接触会逐渐氧化变质,使精油的相对密度增加,颜色变深,失去原有的香味,形成树脂样物质,品质下降。

（6）精油有可燃性。一般精油的燃点为 45～100 ℃,如柑橘油、柠檬油的燃点为 47～48 ℃,在高温下容易起火。精油属易燃危险品,因此要储存于阴暗处。

▌知识拓展▐

精油的保存方法

（1）放置在阴凉通风处,避免接触阳光和过强的光线,以免变质。

（2）不宜放在冰箱中。精油适宜的存放温度为 18～30 ℃,最佳温度约为 25 ℃,精油不可存放在冰箱内,温差太大会加速精油品质变化。

（3）存放在深色玻璃瓶内。

（4）精油放在木制盒中保存较适合。因为木材的属性与精油相同,可以将精油香气保存得更好。

（5）避免过热和潮湿。

（6）放置在儿童拿不到的地方。

（7）开封后,一定要拧紧瓶盖,以免接触空气加速氧化,使精油变质。

（三）分类

精油分为单方精油、复方精油、基础油。①单方精油:从一种植物中提炼出来,表现单一的疗效,常以该植物名称命名。②复方精油:由 3～5 种单方精油按一定的比例调配而成,可直接使用,常以该精油的疗效命名。按复方精油作用于人体部位、功能及浓度的差异可分为纯复方精油、稀释复方精油、水疗复方精油。③基础油:直接通过冷冻、压榨处理,从植物的花朵、坚果或种子里提炼萃取而来。基础油主要种类有甜杏仁油、芦荟油、玫瑰果油、榛果油、月见草油、澳洲坚果油(夏威夷核果油)、小麦胚芽油、鳄梨油、橄榄油、葡萄籽油、荷荷巴油、葵花油等。

1. 按精油的味道分类

(1)香料类:黑胡椒、茴香、月桂、豆蔻、肉桂、丁香、姜、胡萝卜籽。

(2)柑橘类:佛手柑、葡萄柚、香蜂草、香茅、莱姆、橘、甜橙、柠檬草、马鞭草。

(3)花类:洋甘菊、天竺葵、薰衣草、茉莉、玫瑰、橙花。

(4)树脂类:安息香、乳香、没药。

(5)异国风情类:马丁香(玫瑰草)、广藿香、檀香、岩兰草、依兰。

(6)香草类:罗勒、鼠尾草、牛膝草、马郁兰、迷迭香、百里香、薄荷、欧芹。

(7)树类:尤加利、雪松、丝柏、杜松子、回青橙、茶树。

2. 按照植物科属族谱分类 芳香植物兼有药用植物和香料植物共有的属性,除药用价值外,还含有香气、大量的营养成分和微量元素。其中香气成分作为精油被大量提取出来用于医药、食品加工、化妆品等行业。不同的芳香精油取自不同的芳香植物及其不同的生长部位,每一种植物来源皆可归类为特定的植物族群。

(1)唇形科:罗勒、牛膝草、鼠尾草、薰衣草、欧薄荷、马乔莲、香蜂草、百里香、广藿香、迷迭香、薄荷、马沃兰。

(2)伞形科:茴香、欧芹、胡萝卜籽。

(3)芸香科:佛手柑、葡萄柚、柠檬、莱姆、柑橘、橙花、橘、苦橙叶。

(4)蔷薇科:玫瑰。

(5)菊科:洋甘菊、金盏菊、永久花、万寿菊。

(6)桃金娘科:白千层、桉树、尤加利、茶树。

(7)橄榄科:乳香、没药。

(8)樟树:花梨木、肉桂、樟树、紫檀木。

(9)茉莉科:茉莉。

(10)番荔枝科:依兰。

(11)胡椒科:黑胡椒。

(12)禾本科:柠檬草、香茅。

(13)安息香科:安息香。

(14)百合科:大蒜、洋葱。

(15)松柏科:丝柏、杜松。

(16)姜科:姜、郁金香、白豆蔻。

(17)檀香科:檀香木。

(18)郁金香科:达迷草。

(四)功效

1. 精油的七大功效

(1)健康方面:有效畅通循环系统,排除多余的水分及废物;刺激身体的免疫功能,增强身体对疾病的抵抗力;调节内分泌系统,使身体机能达到有效平衡。

(2)精神方面:有效刺激人体大脑神经系统,放松神经、舒缓压力、改善失眠;激发活力,使人精力充沛。

（3）情绪方面：有效稳定情绪，使思想集中，加强对事物的判断力，且能帮助心理调适。

（4）生理方面：可以调节生理功能及内分泌系统。

（5）免疫方面：可增强人体的免疫机能，抵抗疾病，减少发炎，防止过敏。

（6）疗效方面：药效比草药强70倍，渗透力强，能有效发挥治疗功效。

（7）环境方面：净化空气和杀菌。由于精油有抗菌防腐的成分，所以有抗菌、抗病毒的特性。可净化室内空气，改善工作环境及工作氛围，亦是良好的驱虫剂。

2. 单方精油的功效

（1）紫檀木：预防皱纹、净化肌肤、消除黑眼圈，改善失眠及安抚情绪。

（2）薄荷：可净化皮肤、排毒、提神醒脑，有助于改善呼吸道问题。

（3）茉莉：保湿、增加皮肤弹性、改善肌肤敏感；缓解压力、安抚情绪，具有催情作用。

（4）橙花：具有美白、保湿的功效。

（5）肉桂：预防皱纹、减肥，可适当治疗忧郁症。

（6）广藿香：收敛毛孔，可治疗青春痘、皮肤炎症、瘢痕及过敏；可用于抗忧郁。

（7）杜松：消除焦虑和恐惧，排毒，可用于减肥，但有严重肾病者忌用。

（8）尤加利：杀菌、消除疲劳、稳定情绪，但高血压患者勿用。

（9）鼠尾草：可美白皮肤并促进细胞再生，喝酒前后忌用。

（10）洋甘菊：消炎、净化肌肤，并可舒缓压力，消除紧张。

（11）没药：对肌肤干燥、老化、粗糙有明显改善功效。

（12）依兰：可放松精神，使人感到愉悦。

（13）苦橙叶：抗沮丧、镇定神经系统，保持身体活力。

（14）天竺葵：止痛、抗菌，能增加细胞防御功能并促进血液循环。

（15）佛手柑：可促进伤口愈合，减轻疼痛；改善消化不良及食欲不振。

（16）檀香：安神、安抚神经，并可刺激免疫系统。

（17）野姜花：改善月经不调，调节精神压力、放松情绪。

（18）百合：调节情绪、缓解压力，可用于卵巢和子宫的护理。

（19）桂花：具有较强的情绪振奋功效，可缓解疼痛。

（20）芬多精：能分解二手烟味、净化空气，并能促进身体的新陈代谢。

（21）玉兰：一方面能够增加人体免疫功能，可消除异味、抑制细菌；另一方面也可缓解精神压力。

（22）兰花：缓解紧张情绪。

（23）玫瑰：具有调节内分泌及调理月经不调的功效。

（24）百里香：促进皮肤新陈代谢、改善皮炎，还可治疗神经衰弱。

（25）铃兰：消除异味，抑制细菌生长，还可以增强免疫系统功能。

（26）迷迭香：预防皱纹、清洁皮肤，亦可消除疲劳，高血压患者勿用。

（27）薰衣草：安抚沮丧情绪，治疗失眠，舒缓压力，哮喘患者忌用。

（28）丁香：能够改善肌肤粗糙，消炎。

（29）葡萄柚：利胆、助消化、除湿气、排毒、抗忧郁及振奋精神。

（五）鉴别方法

1. 辨气味　纯植物芳香精油散发出天然清香味，有别于化学合成香水、香料或香精。如柠檬精油有新鲜柠檬味，但是化学合成的柠檬精油，其气味会引起头晕、口渴。

2. 看状态 芳香精油大多数为清澈透明的液体,只有少数精油会有黏稠不透明的现象,如大西洋雪松、安息香等。

3. 看融合程度 同一品牌的纯精油和基础油调配后能完全相融。若精油中含有化学物质或蜡质,则不能与基础油完全融合。

4. 看容器、标签 精油容易挥发,因此存放在深色玻璃瓶内,以保证纯度;有腐蚀性,不应保存于塑料瓶中。如果发现塑料瓶装的精油,该精油应不是纯植物精油或是劣质精油。

5. 辨纯度、材质 将精油滴入热水中,纯精油会散成微粒状,水蒸发后不会留下黑色黏稠物。

6. 看肌肤的反应 纯植物芳香精油有较强的渗透力,能调节皮肤血液循环。使用前可将精油擦在手背上,再按摩几秒钟,若精油被快速吸收且没有留下精油痕迹,说明该精油是纯植物芳香精油。相反,如果可以看到精油留下类似于油脂的成分,该精油可能添加了其他化学成分或纯度较低。

7. 点熏试用 在使用香熏灯后,如果香熏灯留下油腻的残留物(不同于水垢),说明这种精油用植物油或者矿物油稀释过;如果残留下结晶体,那么很可能是用乙醇稀释过。

(六)使用方法

1. 嗅觉吸收法 精油是高挥发物质,置于室温中即可缓慢散发于室内。加温则会更快地充满空气中。呼吸可将植物精油分子吸入体内,这种方式对头痛、失眠、情绪不稳定及呼吸道感染颇为有效。

(1)香熏法:维护嗅觉顺畅、呼吸自然空气、不受污染物质伤害的最好方式,也可改善环境卫生,净化空气,避免病菌感染。香气可安抚情绪,改善精神状况,如可缓解失眠、提升情绪等。使用方法:香熏的用具以陶瓷做成的香熏炉台和无烟蜡烛为热源,也有插电式的香熏灯,以及不用加水的香熏器。使用香熏炉台或电热式香熏灯时,把清水倒进香熏炉的盛水器中,加入5~6滴精油(图2-3(a)、图2-3(b))。点燃蜡烛放于炉内或打开电源开关,热力使水中精油徐徐释放出来,通过呼吸道进入人体,发挥调节和治疗效果。调配不同的精油滴入香熏炉中,可制造不同的气氛,达到不同的效果,也可以在加湿器的水箱中直接加入5~8滴精油,使精油随加湿器的水雾散发到空气中。或者将棉球蘸上精油,放在暖气管散发热气的地方,使精油随暖气散发到空气中。

(a)　　　　　　　　　　(b)

图2-3 香熏法

(2)吸入法:把接近沸腾的水注入玻璃或瓷质的脸盆中,选择1~3种精油滴于热水里,总数不超过6滴,充分搅匀后,用大浴巾将整个头部及脸盆覆盖住,闭上眼睛,用口、鼻交替深呼吸,维持 5～10 min,以吸入通过热蒸汽释放的香熏精华,这是治疗感冒及呼吸道感染最速效的方法,也是提神、调节情绪的好方法(图 2-4)。亦可将 1～3 滴精油滴于面巾或手帕中嗅吸。开会、驾车,搭乘飞机、车、船或上课时均可使用。

(3)喷雾法:于 100 mL 的喷雾器中注满纯净水后,加 5～20 滴精油摇晃均匀即可使用。直接喷到身上时,由上方 40°往下喷,具体方法为:先让其坐下,放松心情,闭上眼睛;喷其头顶上空,让雾气缓缓降至其头部;待其闻到气味时,再喷其他部位,如头发、脸。

2. 按摩法 一种宁静、舒适的保健治疗方法。按摩时,首先调好按摩油。一般是把 2～3 种总数为 5～7 滴的单方精油稀释于 5～10 mL 的基础油中,做脸部、头部、肩颈部或身体按摩(图 2-5),可促进血液循环,排除体内毒素。不同的精油具有各自不同的疗效。精油通过按摩很快就能被皮肤吸收渗入体内。按摩时,力度可视顾客需要而有所不同,较快较重的按摩如搓揉、拍击,可提振精神,而轻柔的抚触、按压,则可帮助睡眠。

图 2-4 吸入法

图 2-5 按摩法

3. 按敷法 可适用于表皮的问题,如刀伤、擦伤等,薰衣草精油可直接用于烫伤的皮肤上。将患处先处理干净,擦干后,直接涂在患处,小瘢痕则可使用棉棒(避免使用塑胶杆的棉棒),未经稀释的精油不宜直接涂于较大面积的皮肤上。滴入 3～5 滴植物精油于一盆温水或冷水中,均匀搅拌后,将毛巾放入水中浸湿拧干,敷在患部或面部,并用双手轻轻按压盖在患部或面部的毛巾,使带有精油的水分能尽量渗入皮肤,按压的时间应在 15 min 以上。使用时需注意避免精油进入眼睛。

(1)冷敷:冷敷一般用于治疗发热、流鼻血或运动伤。头疼、发热或者流鼻血时,将精油 2～4 滴滴在湿毛巾上,置于额头,外加冰块或冰袋。在镇定、安抚皮肤时,用毛巾吸附的精油与水,置于皮肤上约 15 min 即可。冷敷可缓解疼痛,减少发炎的机会,具有镇定、安抚作用。

(2)热敷:主要用于深层洁肤、软化角质及治疗痛经、神经痛、风湿关节炎、宿醉等。痛经时敷于腹部;宿醉时敷于前胸、肝脏与后背肾脏部位;肌肉酸痛、关节炎、风湿痛、痛风,除热敷外,还可配合手足、全身的按摩及精油浴或足浴。热敷有助于促进血液循环、加速细胞的代谢功能,调节大脑神经、排解毒素或增加皮肤的渗透。

(3)涂抹:涂抹用于止痒、止头痛、止咳化痰,治疗蚊虫咬伤等各种外伤、关节炎、风湿痛、湿疹、手足癣、脓肿等。直接使用调好的稀释精油(50 mL 乳胶加 10～15 滴精油)涂于患部或直接将未稀释的薰衣草、茶树精油抹于患处。

4. 洗浴法 精油可用于泡澡或泡脚。未经稀释的精油,有时会损害用某些材料制成的浴盆。浸泡前先将精油搅匀,水温不能过热,否则精油会很快挥发,全身放松后,浸泡 15～20 min。

(1)盆浴:适于体质调理、消除疲劳,可治疗泌尿系统感染、脚气、风湿性关节痛、发热、高血压,还可加快新陈代谢、减肥等。使用精油沐浴以低于 37 ℃的水温为宜,过高的水温会使精油挥发太快,且易使人疲劳,每次浸泡时间为 15 min。浸泡时需避免溅到眼睛。根据个人需要,选好精油(1~3 种),总滴数 6~8 滴,单方精油也可以加基础油稀释后再滴入水中,精油会漂浮于水面,轻轻搅动和匀,然后将全身浸在浴缸中,使皮肤毛孔张开,让芳香精华渗入皮肤深处,并深深吸入香熏的蒸汽,待身体充分浸泡 15~20 min 后,迅速擦干身体并及时就寝。

(2)足浴:对于工作疲累导致的感冒、足部水肿、冬天双脚寒冷,都可以利用精油 4~6 滴泡脚来舒缓症状。由于精油属于浓缩性物质,所使用的足浴盆最好是不锈钢材质或木制的。足浴也是进行足部病理反射按摩最好的时候,只需轻柔地按摩。

(3)臀浴:将配制好的配方精油以温水进行坐浴,是治疗阴道念珠菌感染及促进产后会阴部愈合的方法,还可以预防很多妇科疾病。在温水中加入 2~3 滴精油,轻轻搅动,使之均匀扩散。坐浴约 5 min,每日浸泡 2~3 次,持续数日。

(4)灌洗:本法特别针对很多妇科问题,可在 100 mL 的纯水中滴入 5 滴纯精油。

(5)其他方法:漱口法、喷洒法、洗发护发、保养。

二、芳香疗法

(一)定义

芳香疗法由法语 AROMA(芳香)和 Thérapie(疗法)两名词衍生而成,全名为 AROMA-THERAPY(芳香疗法)。芳香疗法是将高香度的植物花瓣、枝叶、根茎、果子经过提炼,萃取出芳香精油,利用人体的嗅觉或各种技巧(按摩、热敷、浸泡等)渗入皮肤深层组织甚至直达血液、淋巴液进而调理身心健康,增加免疫力,促进活细胞的再生,使人体神经系统、血液循环、肌肉组织、内分泌系统、消化及排泄系统等都得到全面调理的一种治疗方法。芳香疗法能增进皮肤的健康,让皮肤富有弹性、紧实、美白,可抗衰老、延年益寿。芳香疗法是一种天然疗法,不含毒素也不会引起任何不良反应。

(二)疗效

芳香疗法的疗效体现在两个方面,一是精油的香味对人体感觉器官的影响,二是精油本身的药效与对身体各部位的积极作用。

1. 精神上的疗法 利用芳香精油的气味,经过嗅觉反应而立即产生效果。因为在空气中,芳香精油细微的分子被吸到鼻腔黏膜之后,迅速渗入血管,直达脑部,调节中枢神经,亢奋人的思维,平衡释放心理压力,调节内分泌机能,有效地对抗各种疾病。另外,芳香精油可通过呼吸道进入身体,消除疲倦,增强人体对疾病的抵抗能力。

2. 生理上的疗效 经由皮肤渗透真皮下层,通过毛细血管进入血液,促进新陈代谢,除去毒素,刺激细胞再生,放松肌肉,消除疲劳,平衡全身神经系统。

3. 皮肤上的疗效 皮肤是人体最大的器官,具有呼吸、排泄作用,抵御侵害人体的细菌与疾病。植物芳香精油渗透力强,很容易被皮肤吸收。它可以溶解体内及皮下多余的脂肪,平衡细胞组织,增强皮肤呼吸功能和生命力,还能软化角质层,排除皮肤内的死细胞、废物毒素,帮助皮肤补充氧分、水分,促进活细胞的再生功能,延迟皮肤的老化,滋润皮肤,保持与恢复皮肤的弹性与活力,美白祛斑,防止因色素沉着而产生黑斑、褐斑,杀菌和根治面疱、暗疮、粉刺等皮肤疾病。

（三）配方

1. 减肥瘦身 推荐精油：杜松子、葡萄柚、柠檬、胡萝卜籽、肉桂、丝柏、迷迭香、茴香、柑橘、黑胡椒、天竺葵。

（1）荷荷巴油 30 mL＋葡萄柚油 6 滴＋杜松子油 5 滴＋迷迭香油 5 滴。用于按摩腿部，可促进血液和淋巴循环，排出毒素，消除水肿，还可以通过刺激腿部穴位调理人体激素水平，有效紧实腿部肌肤，预防静脉曲张，消除腿部的蜂窝组织，达到塑形效果。

（2）荷荷巴油 30 mL＋黑胡椒油 5 滴＋葡萄柚油 5 滴＋柠檬油 5 滴。能够调理全身的水分平衡，改善水肿型肥胖。具有较强的清洁力，清除多种毒素，加快胆汁的分泌，促进脂肪的分解。

（3）荷荷巴油 30 mL＋柠檬油 3 滴＋茴香油 3 滴＋杜松子油 9 滴。能够有效地排出身体的毒素，达到排毒减肥的目的。

2. 淋巴排毒 推荐精油：杜松子、天竺葵、丝柏、葡萄柚、橘、百里香、迷迭香、茶树、薰衣草、佛手柑、缬草、黑胡椒、欧薄荷、德国洋甘菊、苦橙花。

（1）荷荷巴油 30 mL＋杜松子油 4 滴＋丝柏油 4 滴＋天竺葵油 8 滴。使循环畅通，改善充血。可帮助肝、肾排毒，改善肿胀，使苍白皮肤变得红润、有活力。

（2）荷荷巴油 30 mL＋葡萄柚油 3 滴＋茶树油 4 滴＋百里香油 3 滴＋迷迭香油 3 滴＋天竺葵油 3 滴。可以将滞留在身体里的二氧化碳及有害物质代谢出来，增强免疫功能。

（3）荷荷巴油 30 mL＋薰衣草油 6 滴＋柠檬油 3 滴＋杜松子油 3 滴＋缬草油 3 滴。可兴奋淋巴细胞，加速血液循环，促进新陈代谢。

3. 健胸调理 推荐精油：鼠尾草、天竺葵、茴香、柠檬、依兰、檀香、玫瑰、欧薄荷、甜橙、薰衣草、黑胡椒。

（1）荷荷巴油 30 mL＋天竺葵油 4 滴＋丝柏油 4 滴＋玫瑰 4 油滴＋黑胡椒油 4 滴。可调节肾上腺分泌，平衡荷尔蒙，保持胸部的坚挺。

（2）鳄梨油 30 mL＋薰衣草油 5 滴＋天竺葵油 3 滴＋玫瑰油 3 滴＋依兰油 3 滴＋鼠尾草油 1 滴。促进经脉的气血循环与淋巴循环，加强胸部的新陈代谢和血液循环，刺激乳腺组织吸收养分，健胸美胸。

（3）荷荷巴油 30 mL＋依兰油 3 滴＋檀香油 3 滴＋天竺葵油 3 滴＋鼠尾草油 3 滴＋玫瑰油 3 滴。可调节荷尔蒙，改善乳房充血、松弛现象，具有提升和紧实胸部的功效。

4. 卵巢保养 推荐精油：玫瑰、依兰、乳香、鼠尾草、天竺葵、茉莉、薰衣草、杜松子、玫瑰草、丝柏、橘。

（1）荷荷巴油 30 mL＋乳香油 4 滴＋玫瑰油 8 滴＋玫瑰草油 4 滴。加速新陈代谢及血液循环，恢复腹部肌肤的滋润、弹性和紧实度。

（2）甜杏仁油 30 mL＋玫瑰油 6 滴＋天竺葵油 3 滴＋丝柏油 3 滴＋橘油 3 滴。具有消炎、防止微血管破裂功效，是优越的子宫补品，可镇定经前紧张，促进阴道分泌，调节经期。

5. 失眠症状 推荐精油：洋甘菊、薰衣草、橘、橙花、苦橙叶、玫瑰、檀香、缬草、完全依兰、安息香、佛手柑、杜松子、甜马乔莲、欧薄荷、柠檬香茅。

（1）荷荷巴油 30 mL＋薰衣草油 8 滴＋洋甘菊油 5 滴＋橙花油 3 滴。可影响心理和情绪，让人产生平静、柔顺、平衡的感觉，消除紧张。

（2）荷荷巴油 30 mL＋檀香油 5 滴＋安息香油 5 滴＋佛手柑油 5 滴。安抚烦躁，调节心律不齐，改善心脏不适、焦虑、失眠。

6. 月经调理 推荐精油：洋甘菊、薰衣草、天竺葵、茉莉、玫瑰、缬草、欧薄荷、百里香、白千层、乳香、杜松子、马乔莲、迷迭香、罗勒、肉桂、茴香、姜、檀香。

（1）荷荷巴油 30 mL＋天竺葵油 5 滴＋丝柏油 5 滴＋姜油 5 滴。可调顺月经。

（2）荷荷巴油 30 mL＋茴香油 3 滴＋薰衣草油 3 滴＋天竺葵油 3 滴＋肉桂油 3 滴＋欧薄荷油 3 滴。可调节月经偏少、不规律症状。

（3）荷荷巴油 30 mL＋薰衣草油 10 滴＋罗马洋甘菊油 6 滴＋姜油 4 滴。可改善痛经。在 30 mL 荷荷巴油里加入 20 滴薰衣草油，痛经的时候，擦于下腹部，可很快止痛。

7. 流行性感冒　推荐精油：尤加利、茶树、薰衣草、姜、欧薄荷、桃金娘、白千层、迷迭香、杜松子、百里香、佛手柑。

（1）杜松子油 3 滴＋茶树油 3 滴。香熏，可促进新陈代谢，提高免疫力。

（2）欧薄荷油 2 滴＋尤加利油 4 滴。香熏，有助于消化系统肌肉放松，促进氧气吸收，帮助呼吸顺畅。

（3）佛手柑油 3 滴＋百里香油 3 滴。能缓解呼吸道及鼻窦阻塞，有助于顺畅呼吸，促进身体健康。

（四）芳香疗法的精油调配原则

芳香精油是非常稀薄和易挥发的物质，调配时必须注意下列几点。

（1）在通风良好的房间内调配精油，以免气味过强引起身体不适。

（2）准备 4～5 支滴管进行调配，不同精油用不同滴管。

（3）调配用量以够用为准，不宜多调，以免浪费精油。

（4）每次调配精油的种类不宜超过 4 种。长期保养，调配精油的浓度在 6% 以内。先将基础油倒入玻璃量杯内，然后滴入精油，再用玻璃调棒搅拌均匀，最后将调好的复方精油倒入有色玻璃瓶内，贴上标签并写下调配精油名称及日期。

（5）必须选择纯正的基础油稀释，勿与其他已制成的按摩精油混合调配，以免精油的品质遭到破坏。

（6）调配前先了解身体状况，如是否怀孕，是否患有心脏病、气喘、血压异常等。

（7）注意精油禁忌，并遵守安全比例调配。

（8）器皿要求清洁、干燥，不能有任何杂质或水分。

（9）盛装精油的容器须选用深色玻璃、不锈钢或陶瓷等不会被腐蚀的材质，避免使用塑料容器，因为精油会溶解塑料使其自身变质(图 2-6)。

（10）调配好的精油，应避免阳光照射，远离高温和火源。

图 2-6　精油储存

（11）使用精油后，必须立即旋紧盖子，以免精油挥发而降低其品质。

（五）注意事项

（1）初次使用精油，不要调配太多。例如身体按摩精油，可以每次调配 5 mL 或者 10 mL，用完以后再次调配。

（2）每次用完按摩油，及时拧紧瓶盖并用面巾纸、化妆棉擦去瓶口残留按摩油。

（3）精油一般不宜内服。必要时，要在专业人士的指导下使用。

（4）调配好的芳香按摩油跟纯精油一样需要避光保存。最好标明配方，包括调配油的比例和名称。

（5）不同生产厂家的植物精油应避免混用，以确保效果，避免不良反应。

（6）避免将精油放于塑料、易溶解或有油彩表面的容器；稀释植物精油时，应使用玻璃、不锈钢或陶瓷容器。

（7）敏感性肌肤或有过敏征兆者，建议在使用精油前先做肌肤测试。

（8）患有高血压、神经系统及肾脏方面疾病者应小心使用精油，使用前最好先请教芳疗医师或者医生，避免使用蒸汽吸入法。吸入高浓度的水蒸气容易使哮喘病情发作。怀孕期和月经期禁用。

（9）婴儿用精油要谨慎，一般认为婴儿 3 个月后才能使用精油按摩。

（10）避免小孩直接碰触精油，以免误用而发生危险。

（11）精油必须稀释后才能使用，除非有其他特别的用途。

（12）精油不能取代药物，使用后如症状未改善一定要去就医，不可因使用精油而放弃原来已在使用的药物。

本项目重点提示

（1）精油的定义、性质、分类、功效，鉴别精油的方法及精油使用方法。
（2）芳香疗法的定义、疗效、配方，芳香疗法的精油调理原则及注意事项。

能力检测

一、选择题

1. 下列不属于精油性质的是（　　）。

A. 精油大多为无色或淡黄色的透明液体　B. 精油常温下不可自然挥发

C. 精油具有亲油性，不溶于水　　　　　D. 精油具有不稳定性

2. 关于芳香疗法的疗效，下列说法不正确的是（　　）。

A. 精神上的疗法　　B. 生理上的疗效　　C. 皮肤上的疗效　　D. 任何症状都可用

3. 关于精油的说法不正确的选项是（　　）。

A. 调配用量以够用为准，不宜多调

B. 每次调配的精油种类不宜超过 4 种

C. 精油用量越多效果越好

D. 精油一般不要内服，用量不宜过大，以免造成中毒

二、问答题

1. 简述精油七大方面的功效。

2. 鉴别精油的方法包括哪些？

3. 简述精油的使用方法。

4. 芳香疗法精油的调配原则包括哪些？

5. 芳香疗法的注意事项有哪些？

（梁超兰　杨海腾　温中梅）

项目三　身体护理服务流程

学习目标

1. 掌握身体护理服务流程、身体分析、沐浴、深层清洁的方法及基本按摩手法，能正确填写身体分析表，敷身体膜。
2. 熟悉身体分析的范围，身体按摩的作用和原理，身体膜的成分、特点及作用。
3. 了解体型的分类，身体皮肤类型及身体膜的分类。
4. 培养美容师良好的职业素养。

项目描述

本项目主要介绍身体护理服务流程，身体分析的内容和方法，身体清洁，敷身体膜的方法及身体按摩作用、基本手法和注意事项。通过本项目的学习，学生能针对不同的顾客进行接待、咨询、分析其身体情况，填写身体分析表，并依据顾客的情况选择合理的按摩手法及适合顾客的身体膜，从而掌握身体护理各项目流程。

案例引导

胡某，女，45岁，家庭主妇，平时除做家务外，喜欢打麻将，运动少，较少关注自己的皮肤和身体状况。近来体重明显增加，睡眠欠佳，易烦躁，想通过美容护理改善症状。美容师小李热情地接待顾客，并带其称体重，开始做身体护理。

问题：

1. 小李的做法是否正确，为什么？
2. 作为美容师，应该怎么做？

一、顾客接待与咨询

对于任何一家美容院，统一标准的护理服务流程对其经营管理发挥着至关重要的作用，不仅能够提高店面专业度和顾客满意度，而且能实现美容院规范化运营。因此，一家好的美容院必须有一套标准化的身体护理服务流程。

（一）接待

1. 迎客　到门外迎接客人，标准指引动作，请顾客入座。

2. 奉茶　依顾客喜好准备茶水（图 3-1）。

（二）咨询

1. 基本情况　姓名、性别、年龄、生日、职业、工作性质、联系方式等。

2. 健康状况　是否有疾病史、过敏史、药物治疗史，是否是月经期等。

3. 心理状况　压力、精神状态、护理态度，对皮肤、体型的关心程度。

4. 习惯特征　生活习惯、饮食习惯、消费习惯、日常护理习惯（图 3-2）。

图 3-1　接待

图 3-2　咨询

二、分析诊断

在为顾客进行身体护理前，对顾客进行专业的身体分析，可以获得顾客的身体健康状况、体型、皮肤情况、肌肉弹性等信息，为制定合理的护理计划提供依据。

（一）身体分析内容

1. 体型分析

（1）体型分析方法：进行身体分析时需要顾客以标准站姿站立。身体保持直立，头正、颈直，双目平视前方，双肩平行。胸部比腹部略向前，腹部微收，臀部收拢。膝盖并拢略为弯曲，双脚稍稍向外展开。侧面观人体耳垂、肩顶、髋关节、膝关节和足踝在一条直线上。

（2）人体健美体型的 10 个标准：

①站立时，头、躯干和下肢的纵轴在同一直线上，此直线与地面垂直，两膝和两足可自然靠拢。

②头面各器官和上、下肢比例符合黄金分割定律。

③皮肤柔润光泽，皮下脂肪适量，肌肉发达、丰满匀称。

④双肩对称，男宽女圆。

⑤成人胸廓前后径与横径之比为 3∶4，背部略呈 V 形。

⑥女性乳房挺拔呈半球形（乳房高度约是乳房基底直径的二分之一），富有弹性，无松弛下垂现象。

⑦腹部扁平不突出，下腰细而紧实。

⑧臀部圆实，上肢纤细，小腿紧实。

⑨胸围∶腰围∶臀围符合 3∶2∶3 的比例。

⑩体重符合或接近标准体重。

（3）体型分类：体型是身体的外部形态特征和体格类型。骨架、发育情况和脂肪囤积程度是构成体型的三大基础。体型分类有多种方法，各种分类方法选择的参照指标各不相同，按照人体脂肪的蓄积量和肌肉的发达程度，可将人体分为五种体型（表 3-1）。

表 3-1 五种体型

类型	体质	体重	脂肪	肌肉	四肢	手足	其他
瘦弱型	瘦弱	轻	少	不发达	细	小	头小、颈细、肩窄、胸围小，肋间隙大
匀称型	瘦弱和健壮之间	适中	薄	欠发达	匀称	匀称	匀称
健壮型	健康	标准	丰满	发达	发达	粗大	头大、颈粗
肥胖型	特胖和健壮之间	超过正常	超过正常	与健壮型相似	发达	发达	头大、颈粗
特胖型	特胖	超重	超常沉积	与脂肪不成正比	粗	粗	头大、颈部长度消失，腹部前突

（4）体型常见的特殊问题：

①分析体型特殊问题的意义：美容师认真观察顾客的各个部位，明确特殊体型缺陷的原因，哪些体型的缺陷是能够通过护理加以改善的，哪些是不能解决的。如果这些问题是由于姿势不正确造成的，则可以通过美容师的建议让顾客有意识的纠正并加以改善，脂肪局部囤积过度可以通过护理手段和饮食调理加以改善。

②体型特殊问题好发部位：肩部、脊柱、手臂、腰腹部、腿部、足部（表 3-2）。

表 3-2 体型的特殊问题

部位	特点
肩部	肩部是否有外展、前倾、斜肩等形体缺陷问题
脊柱	脊柱是否有正常的生理弯曲，是否有驼背或者脊柱侧凸等缺陷
腰腹部	腰腹部的脂肪囤积情况和髋骨是否有倾斜
手臂	手臂是否过粗、过细、肌肉有无松弛等情况
腿部	腿部的脂肪囤积情况，是否存在"X"形腿，"O"形腿等缺陷
足部	足弓是否正常，有无扁平足现象

▎知识拓展▎

不正确的姿态容易引起异常腿型

1. 走姿　走路的时候，走外"八"字步，腿向侧边用力，给膝关节一个外推力，膝关节的外侧副韧带就受到牵拉和冲击。如果长期下去，膝关节外侧副韧带就会松弛，膝关节的外侧结构不稳定，膝关节就会向内旋。

2. 坐姿　跷二郎腿坐、盘坐、跪坐，这三种坐姿，都可能导致腿型的弯曲。

3. 站姿　站立时，如果长时间重心落在一条腿上，受重力的一条腿、膝关节会受到向外的力，而内旋角度增加，就会形成"O"形腿或者"O"形腿加重。

4. 睡姿　睡觉的时候，交叉脚睡觉的姿势，会向外撑膝关节，导致腿型变化。

2. 身体皮肤分析

（1）身体皮肤分型：身体皮肤的类型根据皮肤的皮脂分泌量而定，一般可以分为油性、中性、干性、混合性四类（表 3-3）。

表 3-3　身体皮肤分型

皮肤类型	特点
油性皮肤	皮脂分泌旺盛，皮肤油腻，容易出现粉刺、暗疮，主要出现在背部或胸前
中性皮肤	皮脂分泌适中，皮肤滋润，光滑而不油腻，没有粉刺，但是容易干燥、紧绷、脱皮
干性皮肤	皮脂分泌少，皮肤由于缺乏油脂的保护，水分容易丧失，变得干涩、紧绷，容易脱皮
混合性皮肤	两种或两种以上的皮肤类型，通常前、后背比较油腻是油性皮肤，四肢则比较干燥，或者呈中性皮肤状态

（2）皮肤常见特殊情况：仔细观察皮肤上有无特殊情况（表 3-4），记录并做出护理建议。在设计护理方案时，对皮肤的特殊情况要予以考虑，同时在护理实施的过程中也要引起重视或者避开。

表 3-4　皮肤常见特殊情况

类型	皮肤病	创口	出血	异常凹凸	多毛	皱纹	文身	静脉曲张
特征	炎症传染	炎症感染	毛细血管脆弱、血液疾病	痣、疣、瘢痕	多余的毛发	皮肤的伸展纹	各种文身	静脉曲张明显

3. 肌肉分析　肌肉分析是指肌肉的弹性和饱满程度，也称肌调。良好的肌肉弹性能够使人体外形看起来丰满。检查肌调的方法是让局部肌肉紧张，美容师用手拿捏肌肉，感受肌肉硬度，肌肉硬度越高，弹性就越好。检查肌调的主要部位和方法如下：

（1）腹部：顾客半仰卧，美容师一手托着顾客颈背部，另一只手的手指捏按顾客的腹部肌肉，检查肌肉弹性（图 3-3）。

（2）大腿部：顾客仰卧，双腿伸直，做向上提腿的动作，美容师一手轻轻压住顾客的足踝，另一只手拿捏大腿部前侧的肌肉，检查肌肉弹性（图 3-4）。

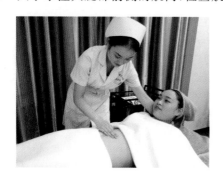

图 3-3　腹部肌调检查

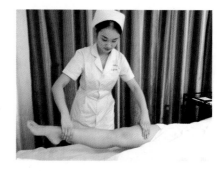

图 3-4　大腿部肌调检查

（3）小腿部：顾客俯卧位，双腿伸直，做向上提腿的动作，美容师一手压住顾客的足踝，另一只手拿捏小腿部后侧的肌肉，检查肌肉弹性（图 3-5）。

（4）臀部：顾客俯卧位，做向上提腿的动作，美容师一手拿捏臀部的肌肉，检查肌肉弹性（图 3-6）。

（5）手臂：顾客仰卧位，做半握拳手臂屈肘的动作，美容师一手扶着顾客手臂，另一只手

图 3-5　小腿部肌调检查

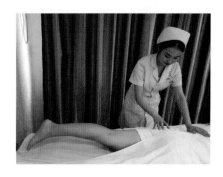

图 3-6　臀部肌调检查

拿捏顾客手臂肌肉,检查肌肉弹性(图 3-7)。

4. 脂肪分析

(1)脂肪的意义:脂肪具有非常重要的生理意义。对于女性来讲,脂肪更能让女性呈现婀娜曲线的丰满美。但是脂肪过多会让人显得笨拙臃肿,引起亚健康问题甚至疾病。

(2)脂肪分析方法:从美容学上讲,局部脂肪过度堆积称为赘肉,又称为浮肉、脂肪团、"橘皮"。检查方法:美容师双掌贴于被检测部位皮肤,相对用力挤压,观察皮肤是否出现橘皮样外观。如果有,则说明皮下有赘肉(图 3-8)。

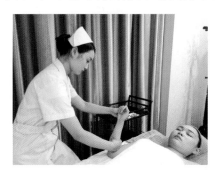

图 3-7　手臂肌调检查

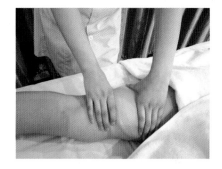

图 3-8　脂肪分析

5. 水肿分析　手指用力按压需要检查的部位,观察被按压部位恢复的速度,如果凹陷复原速度慢,则说明有水肿情况(图 3-9)。

6. 血液循环分析　用手指按压需要检查的部位,观察被按压部位颜色恢复的速度,如果苍白的颜色很快恢复到红润、自然肤色,则说明血液循环状况良好(图 3-10)。

图 3-9　水肿分析

图 3-10　血液循环分析

图 3-11　电子秤测量体重

7. 体重分析

（1）体重分析的重要性：通过测量体重（图 3-11）和身高，可以分析判断出顾客的体重是否属于正常范围，如果顾客要进行体型的改善，这是一个非常重要的对照指标。

（2）体重分析的方法：体重分析主要通过标准体重计算公式计算出标准体重，然后对比分析。标准体重计算公式：标准体重（kg）＝［身高（cm）－100］×0.9。

8. 围度分析　身体各部位的围度测量可以帮助判断顾客的肥胖情况，根据顾客情况选择合适的减肥方法，围度最佳标准尺寸（表3-5）。使用软尺测量顾客的胸围（图 3-12）、腰围（图 3-13）、臀围（图 3-14）、大腿围（图 3-15）、小腿围（图 3-16）、上臂围（图 3-17）等身体围度。

图 3-12　胸围测量

图 3-13　腰围测量

图 3-14　臀围测量

图 3-15　大腿围测量

图 3-16　小腿围测量

图 3-17　上臂围测量

表 3-5　围度最佳标准尺寸(cm)

身　　高	胸　　部	腰　　部	臀　　部	大　　腿	小　　腿
150	79.5	55.5	81.0	46.8	28.1
151	80.0	55.9	81.5	47.1	28.2
152	80.6	56.2	82.1	47.3	28.4
153	81.1	56.6	82.6	47.6	28.5
154	81.6	57.0	83.2	47.8	28.7
155	82.2	57.4	83.7	48.1	28.9
156	82.7	57.7	84.2	48.4	29.0

续表

身 高	胸 部	腰 部	臀 部	大 腿	小 腿
157	83.2	58.1	84.8	48.6	29.2
158	83.7	58.5	85.3	48.9	29.3
159	84.3	58.8	85.9	49.1	29.5
160	84.8	59.2	86.4	49.4	29.6
161	85.3	59.6	86.9	49.7	29.8
162	85.9	59.9	87.5	49.9	30.0
163	86.4	60.3	88.0	50.2	30.1
164	86.9	60.7	88.6	50.4	30.3
165	87.5	61.1	89.1	50.7	30.4
166	88.0	61.4	89.6	51.0	30.6
167	88.5	61.8	90.2	51.2	30.7
168	89.0	62.2	90.7	51.5	30.9
169	89.6	62.5	91.3	51.7	31.0
170	90.1	62.9	91.8	52.0	31.2
171	90.6	63.3	92.3	52.3	31.4
172	91.2	63.6	92.9	52.5	31.5
173	91.7	64.0	93.4	52.8	31.7
174	92.2	64.4	94.0	53.0	31.8
175	92.8	64.8	94.5	53.3	32.0

（二）身体分析步骤

为了更好地服务顾客，在给顾客进行身体护理前通常要对顾客进行系统的身体分析，详细步骤如下：

1. 测量身高和体重 测量身高和体重时让顾客脱下鞋子，以标准站姿站立，以便美容师准确读数。

2. 测量顾客围度 使用软尺分别测量顾客的胸围、腰围、臀围、大腿围、小腿围、上臂围等身体围度。

3. 观察顾客体型 在为顾客测量身高和体重及围度的同时，对顾客体型进行观察并归类。

4. 检查肌调 协助顾客卧于美容床上检测顾客的肌调。

5. 检测脂肪 检测脂肪和脂肪团状况。

6. 检测水肿和血液循环 检测水肿和血液循环情况。

7. 皮肤分析 身体皮肤分析。

8. 观察特殊情况 观察顾客身体是否有特殊情况并记录。

（三）护理诊断（表 3-6）

表 3-6　护理诊断记录表

一期诊断	
面部皮肤诊断	
身体诊断	
二期诊断	
面部皮肤诊断	
身体诊断	
三期诊断	
面部皮肤诊断	
身体诊断	

三、建立档案

引导顾客填写档案。

四、设计护理计划

1. **护理目的**　根据顾客状况，明确护理目标。
2. **护理项目选择**　依顾客的身体状况，合理选择护理项目。
3. **护理产品选择**　结合护理项目，选择合适的护理产品。
4. **仪器设备选用**　根据护理项目及顾客需求，选择护理仪器设备。
5. **疗程确定**　根据顾客身体状况，确定护理疗程（治疗期、护理期）。
6. **护理价格**　依据选择的项目，明确护理价格。
7. **居家护理**　结合顾客自身的情况，为顾客设计居家护理方案。

五、沟通护理计划

与顾客沟通护理目的、护理过程中可能出现的问题、护理效果及所需费用。

六、实施护理计划

（一）准备工作

1. **美容师准备**　仪容仪表符合要求。
2. **设备及用品准备**　设备功能完好，用品用具齐全。
3. **环境准备**　环境优雅、温馨，温度适宜，播放背景音乐。

4. 顾客准备 换拖鞋,沐浴,换美容袍。请顾客脱鞋并仰卧于美容床,为顾客盖好毛巾、被子,为其包头。

(二)实施护理操作

1. 身体清洁 身体清洁是指选择适宜的水温,运用冲洗、浸润、泡浴等方式清洗身体各部位,清除皮肤表面的灰尘和污垢,防止细菌感染,保持皮肤的健康。经常清洁身体皮肤,能促进肌肤排汗,保证皮肤体温调节正常;提高神经系统的兴奋性,扩张血管,促进血液循环,改善器官和组织的营养状态;可降低肌肉张力,使肌肉放松,消除疲劳;促进皮肤的新陈代谢,有利于角质层老化细胞的脱落;加强皮肤的呼吸功能,使皮肤滋润、嫩滑。

(1)沐浴清洁:包括全身浴和局部浴,其中全身浴包括淋浴和泡浴。

淋浴是清洁和保养皮肤的常用方法。一定温度的水作用于人体表面:一方面起清洁作用,另一方面通过水温的刺激作用,加速机体的新陈代谢,促使皮肤血管扩张,使人精神振奋、充满活力。泡浴时,机体受到水温、静水压力及浮力等作用,除了清洁皮肤,还对人体具有一定的治疗效果。因此,人们不仅将泡浴作为清洁肌肤的手段,还作为保养肌肤、预防和治疗疾病的手段之一。

局部浴包括手浴、足浴和坐浴。

(2)深层清洁:随着皮肤的不断更新,每天有 4% 左右的皮肤表层细胞不断的脱落,由新生的细胞来补充。成年人的上皮细胞更新周期为 21～28 天。如果在某些因素的影响下,老化的角质细胞长时间不脱落或脱落过程缓慢,在皮肤表面堆积过厚时,皮肤就会显得粗糙、发黄、无光泽,并影响皮肤正常的生理功能。

深层清洁主要是借助物理或化学的方法将老化的角质和毛孔深处的污垢清除,同时还可以利用磨砂颗粒在皮肤上有效按摩,促进皮肤表面血液循环和新陈代谢,达到改善皮肤组织的作用,使皮肤柔软、光滑和白嫩。具体操作方法:①选择产品:根据皮肤性质选择深层清洁产品。②选择部位:特别注意较为粗糙的部位,如手肘、膝盖、脚后跟等。③软化角质。④打圈按摩:通过打圈按摩方式除去表皮老化的角质细胞。⑤清洁皮肤:用干净的温水冲洗皮肤。

注意事项及禁忌:①饭前、饭后 30 min 内不宜做身体清洁。空腹沐浴易导致低血糖,使人眩晕。②极度疲劳、醉酒或神志不清者不宜身体清洁。③运动后不宜马上沐浴。因为剧烈运动后机体内大量血液都集中在肌肉和皮肤的血管中,此时沐浴会造成头部供血不足,同时加重心脏负担。④根据个体状况及护理目的,选择合适的沐浴温度,以免水温过热烫伤或过冷受寒,造成不必要的伤害。⑤沐浴后应防止"晕澡"。刚从浴室或浴缸中出来,有时会发生头昏、胸闷、恶心、四肢无力等"晕澡"症状。这是因为在热水中沐浴时血管因温度影响而扩张,洗澡时间越长,流向体表的血液越多,而流向大脑的血液就越少。预防办法是水温应从低到高,体弱的人可在沐浴前先喝杯淡盐水或红糖水以防止出汗过多发生虚脱,沐浴时间不宜过长。⑥身体出汗忌冷水浴。身体出汗时,毛孔处于扩张状态,此时进行冷水浴,寒气会浸入肌肤至病。⑦沐浴时注意保暖。沐浴后,皮肤毛孔张开,遇风寒易感冒。故洗浴后应尽快擦去身上的水珠,穿衣保暖、忌风防寒。⑧脱屑的时间、方法、产品的选择根据皮肤的性质而定。脱屑时间不宜过长,全身 15～20 min 为宜,关节褶皱部位脱屑时间可以适当延长。⑨娇嫩皮肤和炎症部位皮肤不宜做深层清洁。如胸部,静脉曲张、瘢痕、湿疹、癣、疱疹、溃疡性皮肤病、烫伤、烧伤、晒伤皮肤等。⑩妇女妊娠期及月经期禁止深层清洁。

2. 身体按摩

（1）基本手法：按摩是运用一定的手法作用于人体的肌表，通过神经系统的传导，直接或间接地刺激肌肉、骨骼、关节、韧带、神经、血管等组织，产生局部或全身性良好反应的护理方法。这种良好的反应使人体内部的各种生理机能逐渐趋于正常，增加人体抵抗力，达到保养皮肤、舒缓放松和增加身体活力的作用。

①推运类手法：

a. 长推：沿经脉走向或肌纤维走向进行直线推运的手法。

b. 短推：一种频率较快、力度较强，同时富有节律感的手法。

c. 螺旋推运：以打圈推运为主的手法，通常是随着肌肉的隆起和凹陷进行打圈推运。

②按压类手法：用手指或掌面着力于被按摩部位或穴位上，逐渐用力下按的按摩手法，主要用于深层组织的按摩。

a. 指按压：用拇指指端或食、中、环指指端按压体表的手法。

b. 掌按压：用手掌按压体表的手法。

c. 关节按压：用手指关节或肘关节定点点按，主要作用于脂肪或肌肉比较丰富的部位。

③揉捏类手法：揉捏类手法可以分为按捏和揉搓两种手法。揉捏动作是间歇性施压于皮下组织的一种按摩手法，根据不同部位，可用单手或双手进行操作。施压时力求平稳，施力均匀，灵活而有节律。

a. 按捏法：手指有节奏地对肌肉和脂肪组织施加压力。

b. 揉搓法：用拇指或其他手指，用划小圈的动作对特定的部位施加稳定均匀的压力。

④叩击类手法：以很高的频率间歇性、短暂地触击某部位。操作时腕关节放松，动作平稳，以松弛的空拳、掌面或掌侧的小鱼际为着力部位，运用腕关节的屈伸进行有节奏的拍打、敲、捶、击等动作。

a. 拍打法：手指自然并拢，掌指关节屈曲，腕关节放松，掌面高频率平稳有节奏地拍打，两手交替拍打，用力要均匀，忌施暴力。

b. 侧击法：手指并拢并伸直，腕关节略背伸，用单手或双手尺侧掌指部或小鱼际部有节奏地击打于肌肉丰富的部位。着力宜虚不宜实，动作宜轻快而有节奏。击打方向应与肌纤维方向垂直。

c. 捶击法：将双手握成空拳，腕关节伸直，利用肘关节的屈伸运动击打肌肉或脂肪比较厚的部位，两手交替叩敲，用力要均匀，忌施暴力。

d. 指击法：以中指端，或拇、食、中三指，或五指捏拢后的指端，在按摩部位进行击打穴位的方法。

⑤振动类手法：用手指或手掌以很轻的压力，高频率地在体表产生微小的垂直振动的手法。或者双手握住肢体末端，幅度小、速度快、有节奏地抖动肢体。

⑥摩擦法：平掌接触皮肤，并且保持腕关节不动，在肌肤上做来回摩擦运动。

（2）注意事项：

①妇女妊娠期及月经期禁止按摩。

②极度疲劳、醉酒或神志不清者不宜按摩。

③有皮肤疾病、皮肤破损及严重感染性疾病者禁忌。

④患有严重疾病及有血液病倾向者禁忌。

⑤按摩时手法服帖，力度因人而异，速度适中，有节奏感。

⑥操作过程中与顾客保持良好的沟通。

⑦操作过程中,保持适宜的温度,根据情况选择适合的背景音乐。

3. 仪器按摩 根据顾客身体情况,选择合适的仪器进行按摩。

4. 敷身体膜 敷身体膜是指在身体表面涂敷一层含有各种矿物质、营养物质等有效成分的粉状或膏体,经过 10～20 min在皮肤表面形成与外界隔离的膜,达到保养皮肤、体型雕塑,缓解肌肉疲劳的作用(图 3-18)。

图 3-18 身体膜

(1)身体膜的种类:常用的身体膜有三类:中草药身体膜、身体泥膜、身体蜡膜(表 3-7)。

表 3-7 身体膜分类

类 别	成 分	特 点	作 用
中草药身体膜	各种中药成分;面粉、蜂蜜、牛奶等	取材广泛,简单易行,针对性强,无任何副作用	滋润、养颜、除皱、增白、增加皮肤弹性;软化皮肤角质层,使身体光滑润泽;紧实皮肤,有瘦身效果
身体泥膜	矿物质、有机物质	具"地质"性	保湿、滋润、营养肌肤及温热作用
身体蜡膜	石蜡、蜂蜡、矿物油	石蜡、蜂蜡等加热融化后作为导热体,呈半流动状	滋润、补充皮肤矿物质及温热作用

(2)敷身体膜操作方法:

①取膜:取适量膜粉,加适量水搅拌成糊状。

②敷膜:用毛刷将身体膜以同一个方向均匀涂抹于顾客皮肤上。

③保温:保鲜膜包裹涂抹身体膜的部位,以达到保温、促进有效成分吸收的目的。

④卸膜:停留 20～30 min 后将身体膜卸下。

⑤清洁:引领顾客沐浴,洗净身上残留的身体膜。

⑥润肤:涂抹身体乳滋润皮肤。

知识拓展

身体膜成分

1. 现代药理研究证实,大多数美容美体中草药含有生物碱、苷类、氨基酸、维生素、植物激素等。

2. 身体泥膜的成分主要包括:①矿物质。有硅酸盐、碳酸盐、矽酸盐等。②有机物质。有蛋白质及卵磷脂等高级脂类。③泥溶液。主要成分为矿物质及溶解的盐类和气体(氧气、二氧化碳、氮气)。④泥生物。含有大量的细菌,如硫化氢杆菌、白硫杆菌。

(3)注意事项及禁忌:

①有花粉或中药过敏等顾客禁忌。

②妇女妊娠期及月经期,腰部和腹部不宜敷中药身体膜,避免出现流产和经血过多的现象。

③剧烈运动后、饥饿及饭后半小时内、极度劳累或极度虚弱者,不宜敷中药身体膜。

④酗酒后神志不清者不宜敷中药身体膜。

⑤泥膜和蜡膜敷膜速度要快。

⑥敷身体蜡膜应注意控制温度。

⑦用玻璃碗盛蜡膜。

⑧注意保暖,防止着凉。

⑨操作过程中防止地面积水导致顾客滑倒。

七、效果评价

(1)询问顾客护理感受。

(2)美容师对护理前后效果进行对比。

(3)根据顾客情况,给予护理建议(图3-19)。

八、记录结账

(1)顾客确认签字。

(2)预约顾客再次护理时间,并详细记录顾客的姓名、时间、护理项目及美容师等。

(3)引领顾客至前台结账(图3-20)。

图3-19　效果评价

图3-20　前台结账

九、整理工作

整理工作区域环境,物品归位,被子、衣服、毛巾送去清洁、消毒,以备下次使用。

十、跟踪回访

疗程结束后需进行跟踪回访。一方面,可以更深入地指导顾客进行家居护理,同时又可以获得顾客的反馈信息;另一方面,对美容院的宣传和维持客源稳定起着重要的作用。

本项目重点提示

(1)身体护理服务流程。

(2)身体分析的内容及方法,正确填写身体分析表。

（3）沐浴清洁、深层清洁的方法，身体清洁的注意事项。

（4）身体按摩的操作流程及注意事项。

（5）敷身体膜的方法。

能力检测

一、选择题

1. 人体健美体型的基本标准包括（　　）。

A. 头、躯干和下肢的纵轴不在同一直线上

B. 成人胸廓前后径与横径之比为 3∶4

C. 腹部扁平不突出，下腰细而紧实

D. 胸围∶腰围∶臀围符合 3∶2∶3 的比例

2. 按照人体脂肪的蓄积量和肌肉的发达程度，可将人体分为五种体型，下列选项不正确的是（　　）。

A. 瘦弱型　　　　　B. 匀称型　　　　　C. 健壮型　　　　　D. 超胖型

3. 在为顾客做护理的过程中发现顾客皮肤上有创口，见有感染趋向，美容师应该如何做？（　　）

A. 咨询顾客原因，根据情况避开创口位置

B. 马上停止护理

C. 用酒精消毒

D. 马上报告顾问

4. 关于深层清洁，说法不正确的是（　　）。

A. 去除老化多余的角质

B. 建议经常多去角质，达到美白功效

C. 清除毛孔及皮肤纹理深处的污垢

D. 身体去角质后，避免长时间日照

5. 20 岁女孩，背部有粉刺，为其做按摩时选择哪一种按摩动作更适合？（　　）

A. 按抚法　　　　　B. 叩击法　　　　　C. 摩擦法　　　　　D. 揉捏法

6. 关于身体膜说法不正确的是（　　）。

A. 身体膜停留 20～30 min

B. 花粉或有中药过敏的顾客禁用

C. 泥膜有温热作用

D. 硅酸盐不属于身体膜成分

7. 下列哪项不属于中草药身体膜的特点？（　　）

A. 取材广泛　　　　B. 简单易行　　　　C. 价格昂贵　　　　D. 针对性强

二、问答题

1. 简述身体护理服务流程。

2. 顾客进行护理前为什么要进行身体分析？身体分析包括哪些方面的内容？

3. 简述特殊体型常发生的部位。哪些可以通过美容师的护理改变？哪些不能？

4. 皮肤常见的特殊问题有哪些?

5. 身体清洁的注意事项包括哪些?

6. 按摩的注意事项有哪些?

（梁超兰　熊　蕊　金　瑞）

项目四　身体按摩项目

学习目标

1. 掌握身体按摩项目的作用及操作方法。
2. 熟悉身体按摩项目的适合症状及人群,按摩的注意事项。
3. 在操作过程中能与顾客进行有效沟通,建立良好的客情关系。

项 目 描 述

本项目主要介绍头部、肩颈部、背部、腰部、腹部、上肢及下肢各按摩项目的作用、适应证及操作方法。学生通过本项目的学习,能根据顾客的需求,选择合适的按摩项目并为顾客实施全方位的身体护理。

案例引导

李某,女,48岁,护士。主诉:腰部、颈部酸痛,月经推迟,经量多。查体:背部两侧肩胛骨凸起,腰部肤色较深,面部有色斑,皮肤干燥。

问题:

1. 作为美容师,需要向顾客咨询的内容有哪些?
2. 顾客目前存在哪些身体问题?
3. 如何正确指导顾客进行居家保养及护理?

一、头部按摩

(一) 基本知识

头部按摩是指根据顾客不同的亚健康问题,选择不同的按摩技法,在头部皮肤、肌肉组织、经络腧穴上进行按摩的一种操作手法(图 4-1)。头部按摩每天均可操作,一般按摩 10～15 min。

1. 作用

(1) 促进头面部血液循环,改善面部问题。

(2) 提高睡眠质量。

图 4-1　头部按摩

（3）改善眼部疲劳问题。

（4）改善头痛、头晕，提升记忆力；预防白发、脱发、斑秃等症状。

（5）帮助脾气暴躁、烦躁易怒的人群调节情绪。

2．适合症状及人群

（1）痤疮、色斑、皱纹、皮肤敏感等面部问题。

（2）失眠及睡眠质量不佳的人群。

（3）眼睛干涩、视力下降的人群；长期使用电脑及办公室伏案工作者。

（4）头痛、头晕，记忆力下降、健忘、注意力不集中，白发、脱发、斑秃等人群。

（5）脾气暴躁、烦躁易怒的人群。

（二）操作方法

1．整理头发　枕部→颞部→头部正中。

2．十指梳头　分三条线，十指梳头：神庭→百会；头维→百会；耳尖→百会。

3．揉按头皮　分四条线，十指指腹揉按头皮：神庭→百会；头维→百会；耳尖→百会；风池→百会。

4．按压头皮　分四条线，十指指腹按压头皮：神庭→百会；头维→百会；耳尖→百会；风池→百会。

5．点按穴位　分三条线，拇指点按穴位：神庭→百会；头维→百会；耳尖→百会。

6．摩擦头皮　分四条线，四指并拢摩擦头皮：神庭→百会；头维→百会；耳尖→百会；风池→百会。

7．敲打头部　左手掌贴于头部，右手半握拳有节奏地敲打左手手背。

8．牵拉头发　手指夹住头发，手呈半握拳状固定，向后牵拉头发。

上述每个步骤重复 3 遍。

9．整理头发　由枕部到颞部至头部正中整理顾客头发，恢复其发型。

（三）注意事项

（1）头部有严重感染性疾病者禁忌。

（2）操作前戴口罩，消毒双手。

（3）操作手法熟练服帖、定位准确、力度适中、沟通流畅。

（4）如有神经性脱发者，牵拉头发力度适中或不操作。

（5）操作后整理用物，归还原位。

二、肩颈部按摩

肩颈部按摩是指选择舒适的按摩技法和合适的按摩产品，在顾客肩、颈、胸部的皮肤、肌肉、经络腧穴上进行按摩的操作方法。通常使用按抚、拉抹、拨滑、点按等手法完成。

（一）基本知识

1．作用

（1）通过使用按摩产品可以营养和滋润皮肤，美颈、美胸，还能使面部肌肤红润。

（2）按摩可缓解颈部皮肤松弛下垂，增加皮肤的弹性，改善颈纹。

（3）活血化瘀、祛风散寒、疏通经络，预防颈椎病变，改善肩颈部不适等症状。

（4）缓解头晕、头痛、大脑供氧不足、睡眠质量下降、失眠多梦等症状。

2. 适合症状及人群

（1）有美白颈部肌肤需求的人群。

（2）颈纹明显、皮肤松弛下垂的人群。

（3）长期面对电脑、伏案工作、肩颈部不适症者。如颈部肥厚，肩颈部僵硬、疼痛，肩周炎等。

（4）胸部亚健康问题，有乳腺增生迹象者。

（5）失眠者。

（6）头痛、头晕症。

▌知识拓展▐

肩颈部为什么是人体最先衰老的部位

血液循环是从下往上进行的，当体内毒素较多的时候，毒素首先堆积的地方就是肩颈部。肩颈部是人体的十字路口，毒素堆积就会造成肩颈部硬化、衰老。当肩颈部血流不通就容易造成头部的气血、营养供应不足，导致内分泌失调，使肩颈部提前衰老。

（二）操作方法

肩颈部按摩操作分为三个阶段，21个步骤。第一个阶段包括6个步骤；第二个阶段包括4个步骤；第三个阶段包括11个步骤。每个步骤重复3～5遍。

第一个阶段：整体按摩。

1. 上按摩油 双手五指并拢，平掌交替拉抹胸前，包肩拉筋，四指指腹拉风池穴。该动作为安抚动作或过渡动作（图4-2(a)～图4-2(c)）。

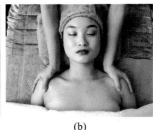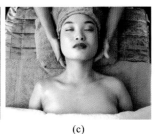

(a) (b) (c)

图4-2 上按摩油

2. 滑拉肋骨缝 双手交替，用指腹滑拉肋骨缝，指腹着力（图4-3(a)～图4-3(c)）。

3. 拉悬韧带 双手五指并拢，由肩头平掌推至悬韧带处，五指打开呈扇形垂直拉悬韧带至锁骨下窝，指腹着力（图4-4(a)～图4-4(e)）。

4. 点按肋骨缝 双手拇指指腹分别点按锁骨下肋骨缝，分三条线，每条线分三点，由锁骨下窝至乳房方向，从里至外点按。力度遵循上重、下轻，内重、外轻（图4-5(a)～图4-5(c)）。

5. 滑按肋骨缝 双手呈空掌状，掌心向下，用除拇指外的四指第二指关节面着力，交替滑按肋骨缝（图4-6(a)～图4-6(f)）。

6. 按抚肩颈部 双手包肩拉筋，拉风池穴。

(a)　　　　　　　　(b)　　　　　　　　(c)

图 4-3　滑拉肋骨缝

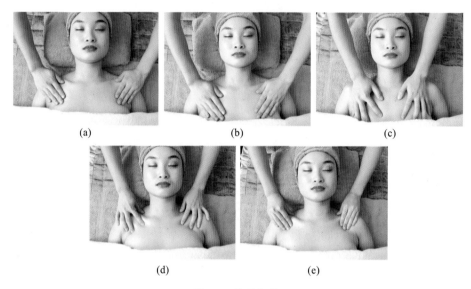

(a)　　　　　　　　(b)　　　　　　　　(c)

(d)　　　　　　　　(e)

图 4-4　拉悬韧带

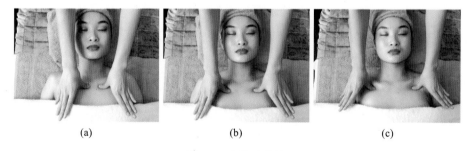

(a)　　　　　　　　(b)　　　　　　　　(c)

图 4-5　点按肋骨缝

　　第二个阶段:分侧按摩;先按摩左侧,再按摩右侧。

1. 包肩拉风池　协助顾客侧头,单手包肩,拉风池穴(图 4-7(a)～图 4-7(d))。

2. 滑大板筋　单手包肩,半握拳用食指关节侧面左右滑大板筋,滑至风池穴;用食指关节点按风池穴(图 4-8(a)～图 4-8(e))。

3. 按抚经络　单手包肩,四指指腹拨大板筋、后颈经,大拇指定点风池穴,拇指按抚颈侧筋放松颈部(图 4-9(a)～图 4-9(f))。

4. 同法按摩右侧。

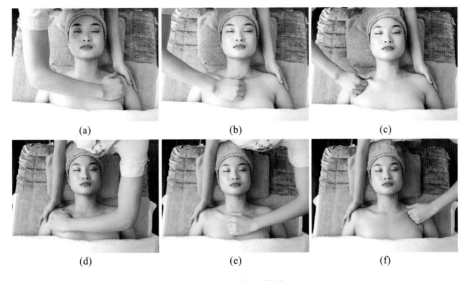

图 4-6 滑按肋骨缝

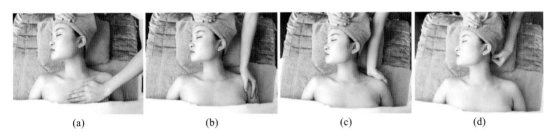

图 4-7 包肩拉风池

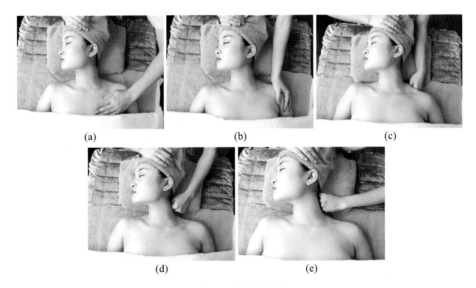

图 4-8 滑大板筋

第三个阶段:整体按摩。

1. 按抚肩颈部 双手五指并拢,平掌拉抹胸前,包肩拉筋,拉风池穴(图 4-10(a)~图4-10(d))。

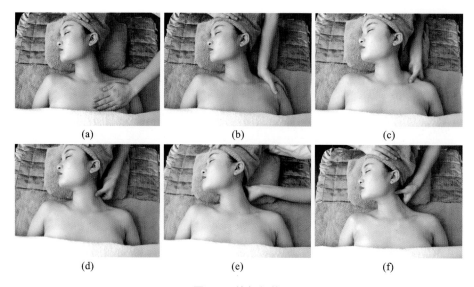

图 4-9　按抚经络

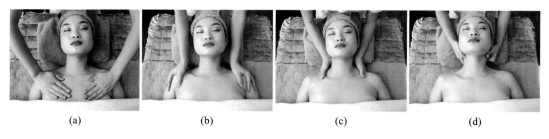

图 4-10　按抚肩颈部

2. 揉大板筋　双手包肩滑至大板筋,四指并拢,以向内打圈的方式揉大板筋,经颈侧滑至风池穴,拉风池穴(图 4-11(a)～图 4-11(d))。

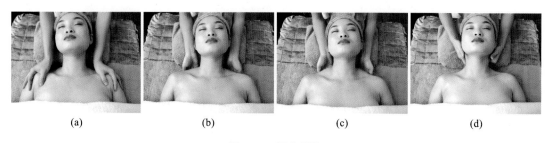

图 4-11　揉大板筋

3. 揉捏大板筋　双手包肩滑至大板筋,四指及虎口揉捏大板筋,滑至风池穴,拉风池穴(图 4-12(a)～图 4-12(d))。

4. 顶按膀胱经　双手包肩滑至颈后,伸至背部第 9 胸椎棘突下旁开 1.5 寸膀胱经上的穴位,双手平放掌心向上,用四指顶按至风池穴,拉风池穴(图 4-13(a)～图 4-13(e))。

5. 顶按脊柱　双手包肩滑至颈后,伸至背部第 9 胸椎棘突下的穴位,双手重叠掌心向上,用四指顶按至风府穴,拉风池穴(图 4-14(a)～图 4-14(e))。

6. 滑拉颈椎　双手包肩滑至肩后,手掌对手背横向重叠,从大板筋至风池穴滑拉,放松颈椎(图 4-15(a)～图 4-15(c))。

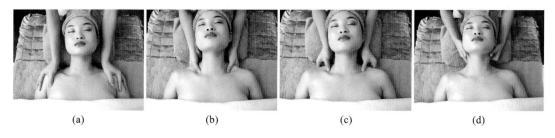

图 4-12　揉捏大板筋

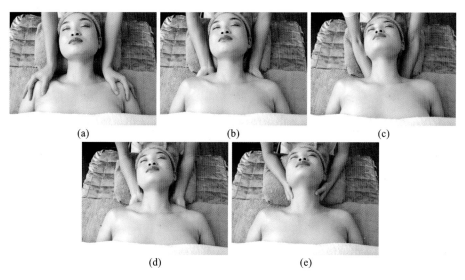

图 4-13　顶按膀胱经

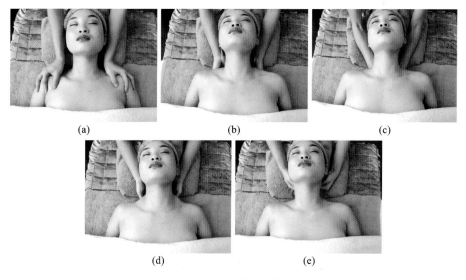

图 4-14　顶按脊柱

7. 拨后颈经　一手伸至对侧颈后，四指指腹拨滑颈侧经，放松颈部，动作宜慢。同法做另一侧（图 4-16(a)～图 4-16(f)）。

8. 拨滑大板筋　双手拇指拨滑拉大板筋，四指在胸前拇指在后，分三条线拨滑，用身体

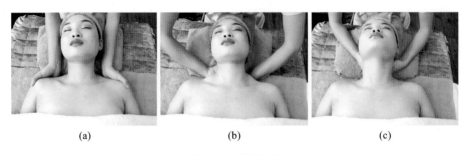

图 4-15　滑拉颈椎

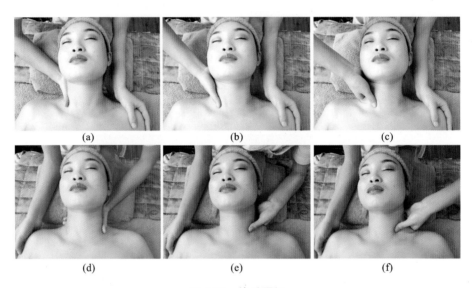

图 4-16　拨后颈经

力度,滑出去带力,滑回来不带力(图 4-17(a)、图 4-17(b))。

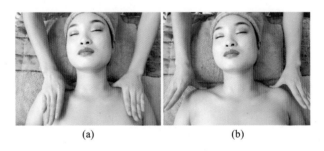

图 4-17　拨滑大板筋

　　9. 点按大板筋　双手拇指定点按压大板筋上穴位,分三点点按,由内向外(图 4-18(a)～图 4-18(c))。

　　10. 捏拉大板筋　双手指腹捏拉大板筋,指腹着力,动作要慢(图 4-19(a)～图 4-19(e))。

　　11. 按抚擦油结束　(图 4-20)。

（三）注意事项

（1）身体有严重疾病,如肿瘤、重型糖尿病者,妊娠期及月经期不宜用精油按摩。

（2）患皮肤病及皮肤破损者,如湿疹、癣、疱疹、溃疡性皮肤病、烫伤、烧伤、晒伤等禁忌。

（3）极度疲劳、酗酒后神志不清者禁忌。

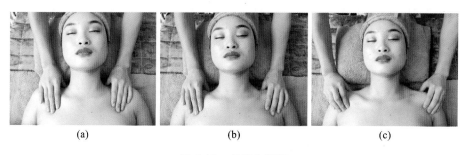

(a)　　　　　　　　　(b)　　　　　　　　　(c)

图 4-18　点按大板筋

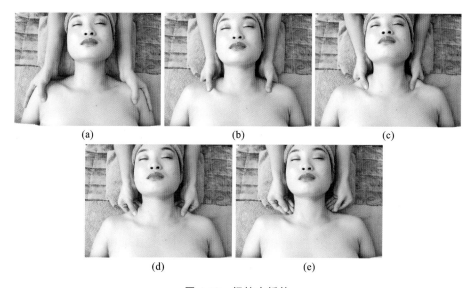

(a)　　　　　　　　　(b)　　　　　　　　　(c)

(d)　　　　　　　　　(e)

图 4-19　捏拉大板筋

（4）过饥、过饱不宜做按摩。

（5）操作前用物准备齐全，避免操作过程中离岗。

（6）按摩手法服帖，力度因人而异，速度适中，与顾客沟通良好。

图 4-20　擦油

三、背部按摩

背部按摩是根据顾客身体状况调配精油，选择舒适的按摩技法在其背部的皮肤、肌肉、经络腧穴上进行推按、拉抹、拨滑、揉捏、点按、叩击，以达到美肤，改善肩、背、腰部酸痛和疲劳，放松身体，减少压力的操作方法。

（一）基本知识

1.作用

（1）促进局部血液循环。

（2）改善脊神经营养。

（3）增强五脏六腑的排毒功能。

（4）用芳香精油按摩，可以放松神经，舒缓压力，调节情绪及内分泌。

（6）提高睡眠质量。

（7）改善面部皮肤问题。

（8）加速新陈代谢,减肥瘦身。

2.适合症状及人群

（1）循环较差,体寒者。

（2）脊柱、肩、背、腰部肌肉酸痛者。

（3）五脏六腑功能下降者。

（4）内分泌失调者。

（5）失眠者。

（6）面部皮肤晦暗者。

（7）背部肥厚、经络阻塞者。

（二）操作方法

背部按摩分六个阶段,即背部整体按摩、疏通膀胱经、肩胛骨按摩、颈部按摩、分侧按摩背部、全背整体按摩,共 21 个步骤。每个步骤重复 3～5 遍。

1.第一个阶段 背部整体按摩,共 5 个步骤。

1）上按摩油

①毛毛虫式按抚上油,双手包肩拉风池穴并点按（图 4-21(a)～图 4-21(e)）。

②双掌横位推抹展油,包肩拉风池穴并点按。

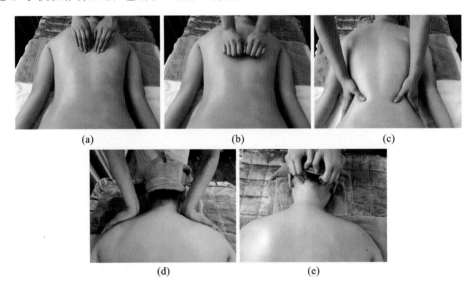

图 4-21 上按摩油

2）按抚背部 双手呈扇形自肩部到臀部按抚背部,分三段,即肩至肩胛骨下沿、肩胛骨下沿至腰部、腰部至臀部,第一段和第三段拉肩贞穴加强力度,最后由手臂滑出（图 4-22(a)～图 4-22(g)）。

3）拨动膀胱经 双手四指置前颈部,拇指由大板筋处向外打圈拨动三下,过膀胱经打圈拨动,至八髎穴双手交替打圈三下,过环跳穴打圈三下,从体侧拉回至肩贞穴加强力度,到风池穴拉并点按（图 4-23(a)～图 4-23(f)）。

4）拇指推膀胱经 双手拇指在大板筋处由里向外拨滑,过膀胱经推（图 4-24(a)、图 4-24(b)）,至八髎穴双手交替打圈三下,过环跳穴打圈三下,从体侧拉回,至肩贞穴加强力度,到风池穴拉并点按（同上图 4-23(b)～图 4-23(f)）。

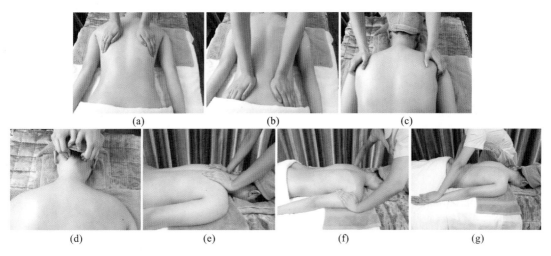

图 4-22　按抚背部

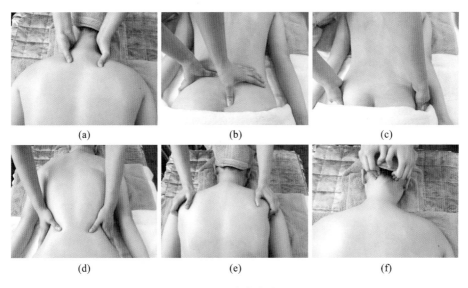

图 4-23　拨动膀胱经

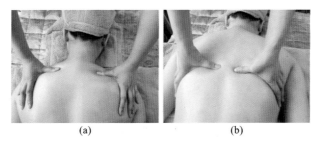

图 4-24　拇指推膀胱经

5）握拳推膀胱经　双手半握拳在大板筋处由里向外推滑三下，过膀胱经推至八髎穴，拇指交替打圈三下，过环跳穴打圈三下，从体侧拉回至肩贞穴加强力度，到风池穴拉并点按（图4-25(a)～图 4-25(g)）。

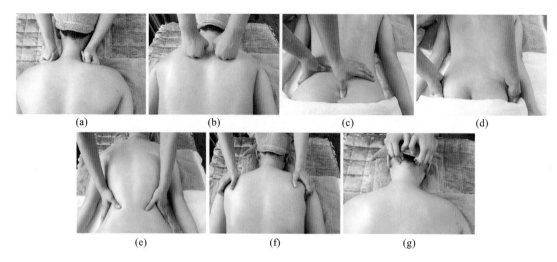

图 4-25 握拳推膀胱经

2. 第二个阶段 疏通膀胱经。先按摩左侧膀胱经,再按摩右侧膀胱经,共两个步骤。

1) 拇指重叠推膀胱经 四指在上,双手拇指重叠由顾客左侧大板筋处向上拨三下,过膀胱经推至八髎穴(图 4-26(a)、图 4-26(b))打圈三下,过环跳穴打圈三下,从体侧拉回至肩贞穴加强力度到风池穴拉并点按(同上图 4-25(c)~图 4-25(g))。

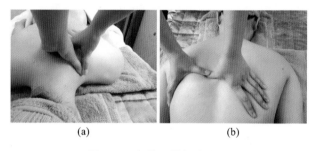

图 4-26 拇指重叠推膀胱经

2) 同法按摩右侧膀胱经

3. 第三个阶段 肩胛骨按摩。先按摩左侧肩胛骨,再按摩右侧,共五个步骤。

1) 按抚肩胛骨缝 双手拇指及虎口交替滑顾客左侧肩胛骨缝,拉肩贞穴加强力度(图 4-27(a)~图 4-27(c))。

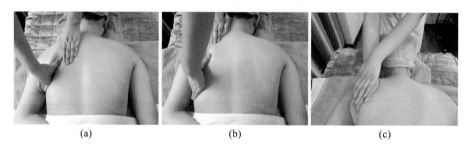

图 4-27 按抚肩胛骨缝

2) 推肩胛骨缝 双手拇指重叠滑推顾客左侧肩胛骨缝,拉肩贞穴加强力度(图 4-28(a)~图 4-28(c))。

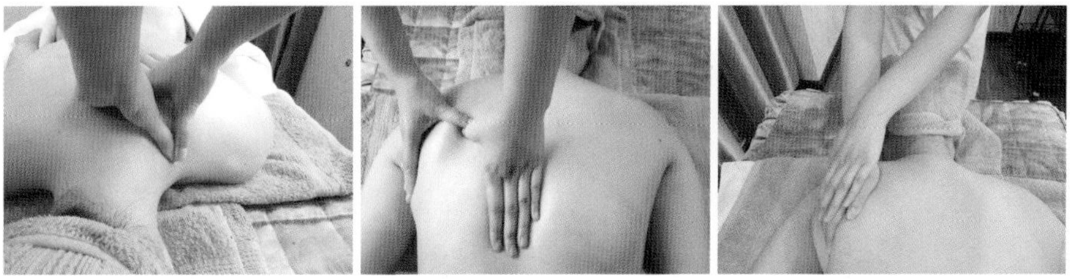

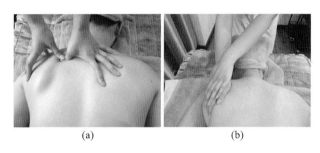

（a） （b） （c）

图 4-28 推肩胛骨缝

3）点按肩胛骨缝　双手拇指交替重叠点按左侧肩胛骨缝，拉肩贞穴加强力度（图 4-29
（a）、图 4-29（b））。

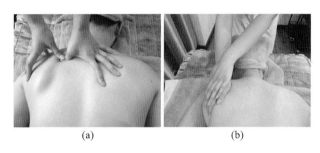

（a） （b）

图 4-29 点按肩胛骨缝

4）点按穴位　双手拇指重叠点按四穴，即点按肩部三穴和天宗穴（图 4-30（a）～图 4-30
（d））。

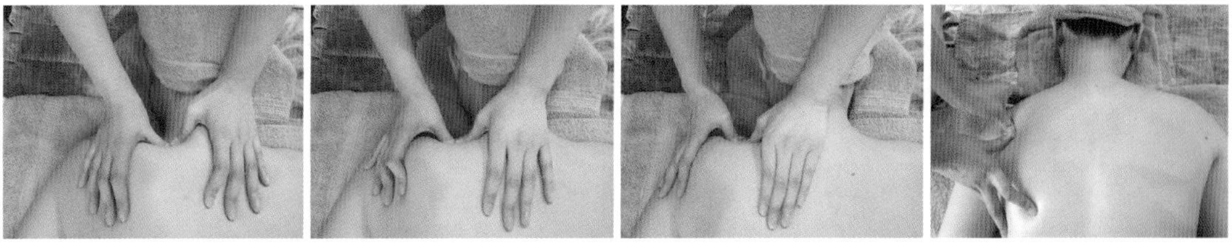

（a） （b） （c） （d）

图 4-30 点按穴位

5）同法按摩右侧肩胛骨

4. 第四个阶段　颈部按摩，共四个步骤。

1）滑"八"字　双手拇指滑"八"字形，拨滑大板筋（图 4-31）。

2）揉捏颈侧经　单手揉捏颈侧经，分三段揉捏，由下段→中段→上段（图 4-32）。

图 4-31 滑"八"字

图 4-32 揉捏颈侧经

3）推拨颈侧经　单手拇指推拨颈侧经，由下段→中段→上段（图4-33(a)、图4-33(b)）。

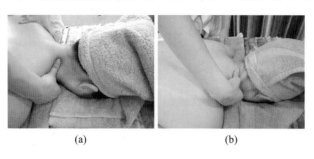

(a)　　　　　　　　　　　(b)

图 4-33　推拨颈侧经

4）滑"倒7"于颈侧经　单手拇指在颈侧经交替滑"倒7"，由颈部下段至发际线分三段，下段→中段→上段，先左手后右手（图4-34(a)～图4-34(e)）。

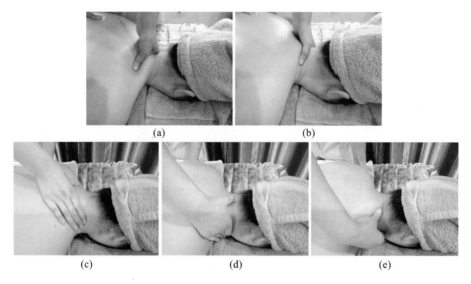

(a)　　　　　　　　　　　(b)

(c)　　　　　　　　(d)　　　　　　　　(e)

图 4-34　滑"倒7"于颈侧经

5. 第五个阶段　分侧按摩背部。先按摩左侧背部，再按摩右侧，共三个步骤。

1）疏通背部　一手掌与另一手背重叠推拉疏通背部，分三段，在肩部天宗穴和肩贞穴加强力度，由大板筋→背部→腰部→臀部，加强力度塑型；再由腰部→背部→肩部，至天宗穴和肩贞穴加强力度；最后再由大板筋开始按抚肩部，让顾客的手臂垂直于床边，由肩部至手臂拉摩滑至手指（图4-35(a)～图4-35(k)）。

2）推脂

①平掌推脂：由臀部→腰部→背部→肩部→大板筋→肩部→手臂，拉摩滑至手指（图4-36(a)～图4-36(c)）。

②虎口平掌推脂：由臀部→腰部→背部→肩部→大板筋→肩部→手臂，拉摩滑至手指，把顾客的手臂放回床上（图4-37(a)～图4-37(e)）。

3）同法按摩右侧

6. 第六个阶段　全背整体按摩，共两个步骤。

1）排毒　平掌按抚背部，由大板筋→肩部→背部→腰部→臀部，从体侧拉回至肩贞穴加强力度，到风池穴拉并点按，过肩膀包、推，由手掌滑出（图4-38(a)～图4-38(h)）。

(a) (b) (c) (d) (e) (f) (g) (h) (i) (j) (k)

图 4-35 疏通背部

(a) (b) (c)

图 4-36 平掌推脂

(a) (b) (c) (d) (e)

图 4-37 虎口平掌推脂

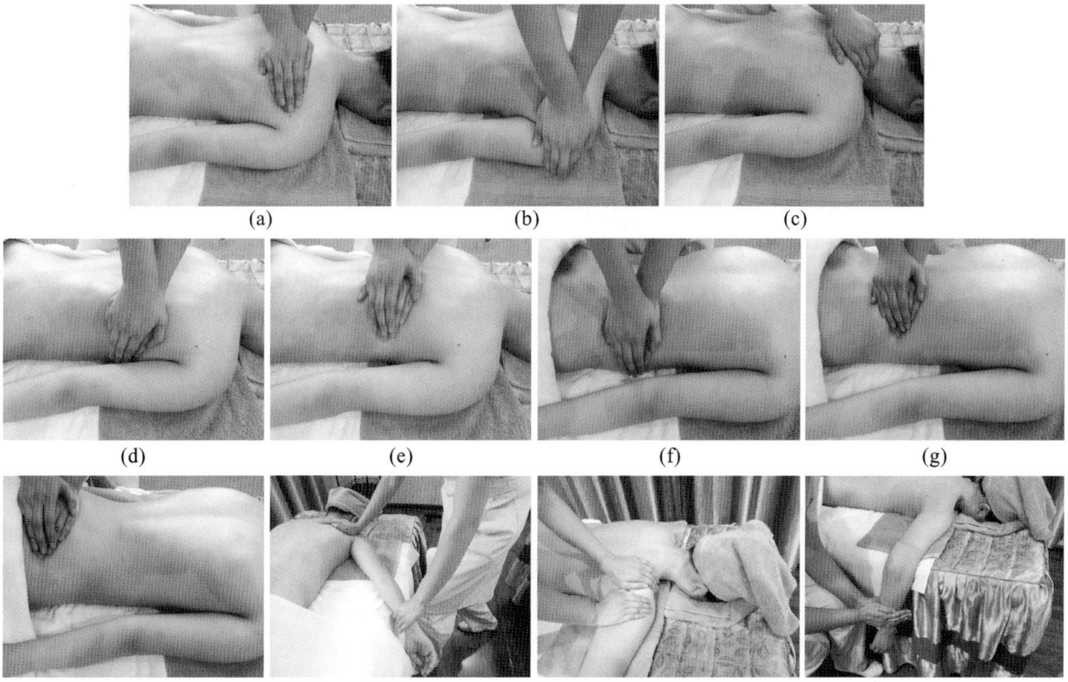

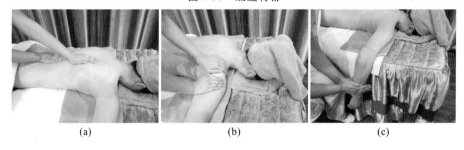

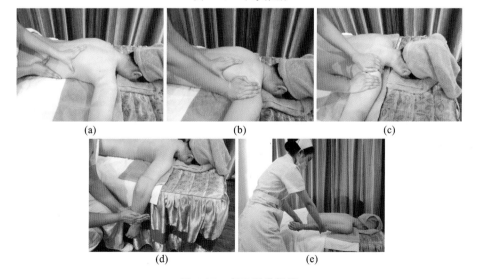

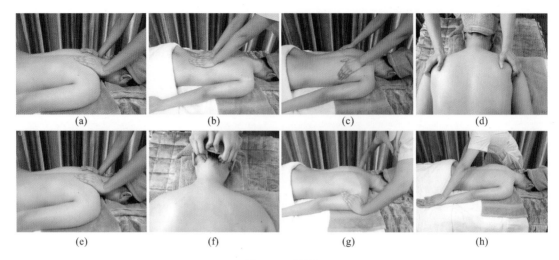

(a)   (b)   (c)   (d)

(e)   (f)   (g)   (h)

图 4-38 排毒

图 4-39　擦油结束

2) 扣背　双手空掌，交替而有节奏地扣背，擦油结束（图 4-39）。

（三）注意事项

（1）妇女妊娠期及月经期禁止按摩。

（2）极度疲劳、酗酒后神志不清者不宜按摩。

（3）过饥及过饱不宜按摩。

（4）有皮肤病及皮肤破损者，如湿疹、癣、疱疹、溃疡性皮肤病，烫伤、烧伤、晒伤等禁忌。

（5）有严重感染性疾病者，如肺炎、骨髓炎、急性化脓性关节炎、丹毒等禁忌。

（6）患有严重疾病者，如严重心脏病、肝病、肺病、肾病及各种恶性肿瘤者禁忌。

（7）有血液病及出血倾向者，如重度贫血、血友病等血液系统疾病者禁忌。

（8）操作前用物准备齐全，避免操作过程中离岗。

（9）按摩手法服帖，力度沉稳，速度适中，与顾客沟通良好。

（10）精油按摩后 4 h 内禁止洗澡。

（11）按摩后禁食生冷、辛辣等刺激性食物，多喝温开水，注意保暖。

四、腰部按摩

腰部按摩是指调配合适的精油，运用舒适的手法在腰部进行按摩的操作方法，通过按摩减轻压力，缓解腰部酸痛，预防并改善内分泌失调、月经失调、痛经，达到美肤、养颜的功效。腰部按摩通常称为肾部护理，比较受顾客的青睐。

（一）基本知识

1. 作用

（1）改善肾虚症状，有助于排出身体多余的水分和毒素。

（2）全方位调节各个脏器的功能平衡，提高机体免疫力，增强抵抗力。

（3）保持青春容颜，有效延缓衰老，推迟绝经期。

（4）保持健康的心态、缓解压力、振奋心情、提高自信心。

2. 适合症状及人群

不同年龄、不同性别的人群,腰部存在的问题不一样,按摩适合症状及人群(表4-1)。

表 4-1　腰部按摩适合症状及人群

年　龄	男　性	女　性
20～30 岁	梦遗频繁,腰膝酸软,四肢无力,尿频脱发,白发增多,记忆力下降	月经不调,痛经,面色灰暗,面部多暗疮,贫血
31～45 岁	腰痛,双腿酸软,脚跟疼痛,上楼吃力,出虚汗,功能减退,白天无神,夜间无力,精神不振,脱发,双脚水肿,疲劳,记忆力下降	腰部酸痛,发凉,双下肢下沉,脱发,房事冷淡,经血暗红,面部色素沉着,有黄褐斑
46～55 岁	头昏眼花,失眠多梦,尿频尿痛,排尿困难,阳痿,无房事要求,关节痛	颈部酸痛,眼花,脱发,头发干枯早白,失眠多梦,脾气急躁,全身酸痛,双脚水肿,易出虚汗

（二）操作方法

腰部按摩手法共11步,每个步骤重复操作3～5遍。

1. 上按摩油　倒适量按摩油于掌心,打圈均匀后呈扇形按抚上油,直至按摩油均匀涂抹于腰部,美容师站在顾客的左侧(图4-40)。

2. 打圈腰部　双手掌在腰、臀部交替顺时针打圈,直至皮肤发热(图4-41)。

 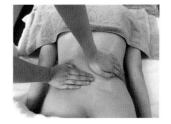

图 4-40　上按摩油　　　　　　　　　　　　图 4-41　打圈腰部

3. 疏通督脉　由命门穴至尾椎骨,由上至下按摩,美容师站在顾客的左侧并面向顾客下肢方向。

（1）双手拇指交替呈小"S"打圈;

（2）双手拇指交替呈大"S"打圈;

（3）双手拇指交替划"X"(图4-42(a)～图4-42(c));

（4）双手掌跟重叠,由命门到腰部阳关穴,按压腰背部的脊椎骨上的穴位,重点点按命门穴(图4-42(d)、图4-42(e))。

4. 疏通膀胱经

（1）推拨膀胱经:双手拇指重叠推拨足太阳膀胱经,直至皮肤发热,由上至下,先做右侧膀胱经,再做左侧膀胱经(图4-43(a)、图4-43(b))。

（2）打圈膀胱经:双手大拇指打圈膀胱经,由上至下(图4-44(a)、图4-44(b))。

5. 点压穴位　依次点压肾俞、气海俞、大肠俞、关元俞、小肠俞以及八髎穴的上、次、中、下髎(图4-45)。

6. 搓经络　单手来回搓督脉及膀胱经,直至皮肤发热(图4-46)。

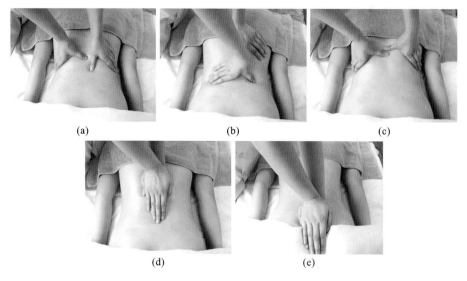

图 4-42　疏通督脉

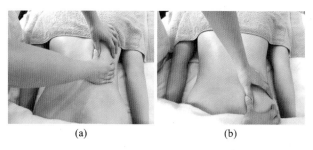

图 4-43　推拨膀胱经

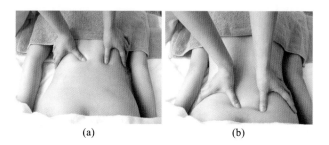

图 4-44　打圈膀胱经

图 4-45　点压穴位

图 4-46　搓经络

7. 排毒　双手呈扇形做打圈排毒动作,由上至下,最后由腹股沟排出(图 4-47(a)、图4-47

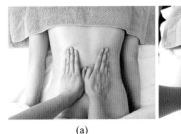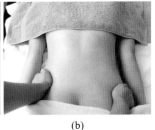

(a)   (b)

图 4-47　排毒

(b))。

8. 打圈肾区　双手掌交替在肾区顺时针打大圈 20 圈,之后,双掌重叠单侧深层打圈揉按。

9. 搓热肾区　单手推搓肾区,直至皮肤发热(图 4-48)。

10. 敷肾区　双手搓热敷于肾区,停留 5～10 s(图 4-49)。

图 4-48　搓热肾区　　　　　　　　　　　　　　图 4-49　敷肾区

11. 按抚结束　打圈按抚,擦油结束。根据顾客情况敷上热毛巾或远红外线灯照射 5 min,注意保暖。

▎知识拓展▎

家 庭 调 理

　　每天热水洗浴后,取家用的肾部护理专用精油 2 mL 涂抹于下背部及尾椎骨等部位,用掌心顺时针按摩至发热,或把 2 mL 肾保养精油在掌心搓热后,双手张开虎口置于两侧肾脏部位贴紧皮肤,上下摩擦至发热,无需清洗。

（三）注意事项

（1）妇女妊娠期及月经期禁止按摩。

（2）极度疲劳、酗酒后神志不清者不宜按摩。

（3）过饥及过饱不宜按摩。

（4）有皮肤病及皮肤破损者,如湿疹、癣、疱疹、溃疡性皮肤病,烫伤、烧伤、晒伤等禁忌。

（5）有严重感染性疾病者,如肺炎、骨髓炎、急性化脓性关节炎、丹毒等禁忌。

（6）患有严重疾病者,如严重心脏病、肝病、肺病、肾病及各种恶性肿瘤者禁忌。

（7）有血液病及出血倾向者,如重度贫血、血友病等血液系统疾病者。

（8）近一年内做过腰腹部手术及患有肾结石者禁止做此按摩。

（9）按摩手法服帖，力度沉稳，速度适中，与顾客沟通良好。

（10）精油按摩后 4 h 内禁止洗澡。

（11）按摩后禁食生冷、辛辣等刺激性食物，多喝温开水，注意保暖。

五、腹部按摩

（一）基本知识

1. 作用 腹部按摩可以有效排除体内毒素，帮助消化，改善便秘，缓解痛经及月经不调症状，还有减肥的功效。

2. 适合症状及人群

（1）腹部按摩能缓解食物积滞于胃、胃肠胀痛、胃肠积满等症状，适用于腹部有饱胀感难以入睡者。

（2）气滞不顺，血淤不畅，月经不调，痛经者。

（3）卵巢功能下降者，如 25～60 岁的人群。

（4）内分泌失调，面部问题严重的人群。

▌知识拓展▐

腹部按摩的作用及小技巧

《黄帝内经》记载："腹部按揉，养生一诀"。孙思邈也曾经写道："腹宜常摩，可去百病。"中医认为，人体的腹部为"五脏六腑之宫城，阴阳气血之发源"；脾胃为人体后天之本，能维持人体正常的生理功能。只有升清降浊，方能气化正常，健康长寿快乐。现代医学认为，揉腹可增加腹肌和肠平滑肌的血流量，增加胃肠内壁肌肉的张力及淋巴系统功能，使胃肠等脏器的分泌功能活跃，从而加强对食物的消化、吸收和排泄，改善大小肠蠕动功能，防止和消除便秘，对老年人尤其必要。

一般选择在夜间入睡前和起床前进行，排空小便，洗净双手，取仰卧位，双膝屈曲，全身放松，左手心对着肚脐按在腹部，右手叠放在左手上。先按顺时针方向，绕脐揉腹 50 次，再逆时针方向按揉 50 次。按揉时，用力要适度，精力集中，呼吸自然，持之以恒，会收到明显的健身效果。

（二）操作方法

腹部按摩共 6 个步骤，每个步骤重复操作 5～7 遍。

图 4-50　上按摩油

1. 上按摩油 双手五指并拢，手掌紧贴腹部交替打圈，一手整圈，另一手半圈，直至按摩油均匀涂抹于腰腹部（图 4-50）。

2. 按摩结肠

（1）打圈结肠：五指并拢双手重叠，沿肚脐周围打圈按摩结肠，指腹着力，由右侧下腹开始，经升结肠→横结肠→降结肠→左侧下腹→右侧下腹（图 4-51(a)～图 4-51(d)）。

（2）推结肠：双手五指并拢，双手重叠推结肠，以掌根着力，由右侧下腹开始，经升结肠→横结肠→降结肠→左侧下腹→右侧下腹（图 4-52(a)～图 4-52(d)）。

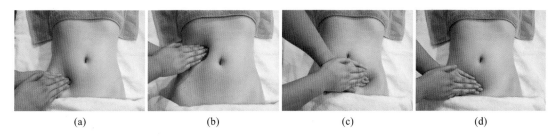

图 4-51　打圈结肠

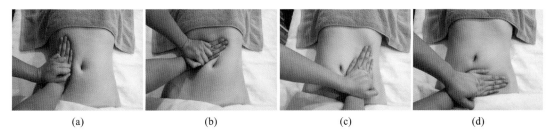

图 4-52　推结肠

3. 揉腹部　先按顺时针方向,绕脐揉腹 50～100 次,再逆时针方向按揉 50～100 次,按揉时,用力要适度,精力集中,呼吸自然。

4. 排废气　平掌交替拉抹腹部,由上至下排气。先右侧腰部→中间脐部→至左侧腰部(图 4-53(a)～图 4-53(c))。

图 4-53　排废气

5. 敷卵巢　分侧拉抹腰腹部并敷卵巢,先左边,后右边。双手搓热敷卵巢(图 4-54(a)～图 4-54(c))。

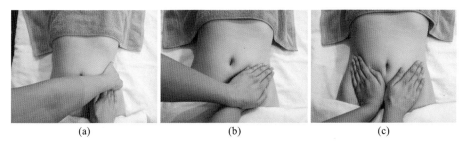

图 4-54　敷卵巢

6. 擦油结束操作　操作结束后擦油。可根据顾客情况敷热毛巾或远红外线灯照射5 min,注意保暖。

（三）注意事项

（1）妊娠期及月经期禁止按摩。

（2）极度疲劳、酗酒后神志不清者不宜按摩。

（3）过饥及过饱不宜按摩。

（4）有皮肤病及皮肤破损者，如湿疹、癣、疱疹、溃疡性皮肤病，烫伤、烧伤、晒伤等禁忌。

（5）有严重感染性疾病者，如肺炎、骨髓炎、急性化脓性关节炎、丹毒等禁忌。

（6）患有严重疾病者，如严重心脏病、肝病、肺病、肾病及各种恶性肿瘤者禁忌。

（7）有血液病及出血倾向者，如重度贫血、血友病等血液系统疾病者禁忌。

（8）近一年内做过腰腹部手术者禁止做此按摩。

（9）按摩手法服帖，力度沉稳，速度适中，与顾客沟通良好。

（10）精油按摩后 4 h 内禁止洗澡。

（11）按摩后禁食生冷、辛辣等刺激性食物，多喝温开水，注意保暖。

六、上肢按摩

通过按摩上肢舒经活络，改善循环，增加皮肤对产品营养成分的吸收，加速新陈代谢，改善疼痛，达到健康、美容、养生的效果。

（一）基本知识

1. 作用

（1）活动上肢，增强关节的灵活度。

（2）放松肌肉，消除疲劳，促进血液循环。

（3）疏通经络，调节脏腑功能，预防各种疾病。

（4）滋润皮肤，增加皮肤弹性，延缓皮肤衰老。

2. 适合症状及人群

（1）末梢循环差，上肢冰冷及易生冻疮的人群。

（2）手部皮肤干燥、粗糙、松弛下垂、长斑、静脉曲张者。

（3）有关节酸痛、肿胀、僵硬、手臂麻木或患风湿性关节炎及肩周炎的人群。

（4）上肢粗大、上臂有"掰掰肉"想减肥者。

（5）面部问题性皮肤、失眠者。

（二）操作方法

上肢按摩共 8 个步骤，每个步骤重复 3～5 遍。

1. 上按摩油 双手轻压展油（图 4-55（a）～图 4-55（c）），交替推拉涂抹按摩油，该手法为放松、过渡动作（图 4-55（d））。

2. 疏通经络

（1）单手大拇指和大鱼际分别推手臂经络，先三阴经，后三阳经，由下至上包拉手臂（图 4-56（a）、图 4-56（b））。

（2）双手交替拉抹手臂经络（图 4-56（c）、图 4-56（d））。

3. 按摩手背

（1）双手大拇指及大鱼际交替按抚手背，即"剥橘子皮"；

（2）大拇指由上至下螺旋打圈至手背（图 4-57（a）、图 4-57（b））。

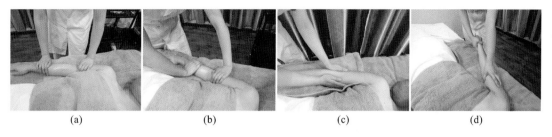

图 4-55　上按摩油

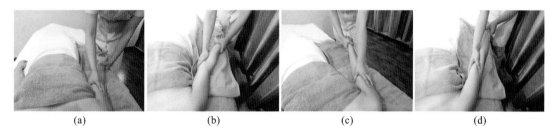

图 4-56　疏通经络

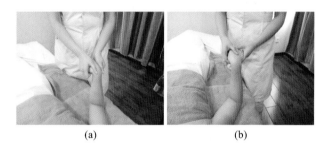

图 4-57　按摩手背

4. 按摩手指

（1）一揉:拇指揉手指。

（2）二推:拇指推手指。

（3）三侧揉:拇、食指侧揉手指。

（4）四牵拉:中、食指牵拉手指(图 4-58(a)~图 4-58(d))。

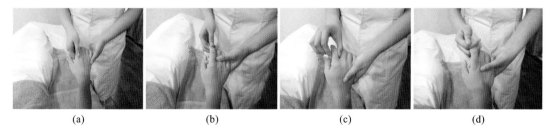

图 4-58　按摩手指

5. 按摩手掌

（1）拇指在掌心画"介"字。

（2）拇指在掌心画"O"字(图 4-59(a)、图 4-59(b))。

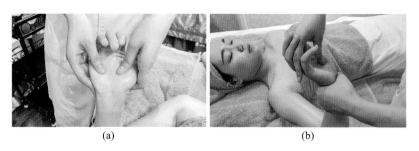

图 4-59　按摩手掌

6．放松关节

（1）五指交叉摇动腕关节。

（2）五指交叉摇动肘关节。

（3）握手摆动肩关节。

（4）向头部方向牵拉手臂，以握手式，动作宜慢（图 4-60(a)～图 4-60(d)）。

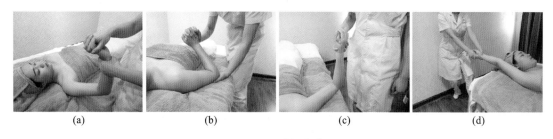

图 4-60　放松关节

7．放松手臂　一提，二拨，三深压，四放水，五抖臂（图 4-61(a)～图 4-61(e)）。

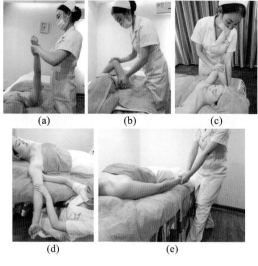

图 4-61　放松手臂

（1）一提：十指交叉式点提手臂。

（2）二拨：大拇指及大鱼际拨滑三角肌。

（3）三深压：反手臂做深压，动作宜慢。

（4）四放水：平掌横抹滑出手臂，即"放水"。

（5）五抖臂：握手式，向脚部方向牵拉并抖动手臂，幅度小，频率快。

8. 擦油结束 放松手臂，擦油结束（图4-62）。

（三）注意事项

（1）妊娠期、月经期、高血压、高血糖、高血脂、肿瘤患者等禁止使用精油按摩。

图4-62 擦油结束

（2）极度疲劳、酗酒后神志不清者不宜按摩。

（3）有皮肤病及皮肤破损者，如湿疹、癣、疱疹、溃疡性皮肤病、烫伤、烧伤、晒伤等禁忌。

（4）有严重感染性疾病者，如肺炎、骨髓炎、急性化脓性关节炎、丹毒等禁忌。

（5）患有严重疾病者，如严重心脏病、肝病、肺病、肾病等禁忌。

（6）有血液病及出血倾向，如重度贫血、血友病、白血病等血液系统疾病者禁忌。

（7）操作前用物准备齐全，避免操作过程中离岗。

（8）操作过程中手法服帖，力度适宜，速度适中，与顾客保持良好的沟通。

（9）精油按摩后4 h内禁止洗澡。

七、下肢按摩

经常做下肢按摩可以达到美腿减肥的功效。因为人体有6条经络经过下肢，这6条经络从头至脚贯穿于全身。通过下肢按摩可以舒经活络，达到缓解疲劳、瘦腿及养生保健的效果。

（一）基本知识

1. 作用

（1）活动下肢，增加下肢关节的灵活度。

（2）放松肌肉，消除疲劳，促进血液循环。

（3）疏通经络，调节脏腑功能，预防各种疾病。

（4）滋润皮肤，增加皮肤弹性，延缓皮肤衰老。

2. 适合症状及人群

（1）末梢循环差，足部冰冷、易生冻疮的人群。

（2）关节酸痛、僵硬及风湿性关节炎等。

（3）有经络阻塞症状，如腿痛、腿型粗肿的"大象腿"、脏腑失调者。

（4）下肢静脉曲张者。

（二）操作方法

下肢按摩共12个步骤，每个步骤重复3～5遍，顾客取俯卧位，先按摩左侧下肢，再按摩右侧。

1. 展油 双手掌轻压展油，在顾客下肢推拉涂抹按摩油（图4-63(a)～图4-63(c)）。

2. 揉捏下肢 双手同时揉捏下肢经络，由下至上（图4-64(a)、图4-64(b)）。

3. 推、拉抹下肢 平掌交替推下肢，由踝关节至大腿根部；双手抱腿式，拉抹下肢，由大腿根部至踝关节；分别掌推、拳推足底，从足跟至足趾（图4-65(a)～图4-65(d)）。

4. 揉推经络 拇指揉推下肢经络，由下至上（图4-66(a)、图4-66(b)）。

5. 抱揉下肢 双手抱揉下肢，由下至上（图4-67(a)～图4-67(c)）。

6. 点按穴位 用双手大拇指点按承扶、殷门、委中、承山、涌泉（图4-68(a)～图4-68(e)）。

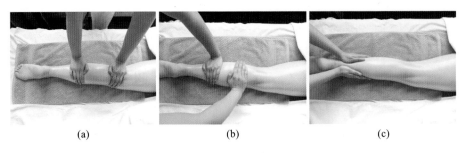

(a)　　　　　　　　(b)　　　　　　　　(c)

图 4-63　展油

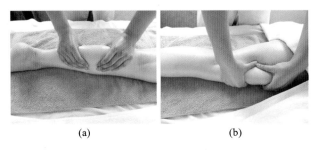

(a)　　　　　　　　(b)

图 4-64　揉捏下肢

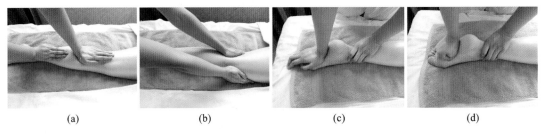

(a)　　　　　(b)　　　　　(c)　　　　　(d)

图 4-65　推、拉抹下肢

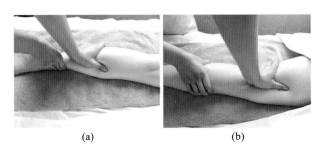

(a)　　　　　　　　(b)

图 4-66　揉推经络

7. 敲打下肢　双手半握拳,交替、有节奏地敲打下肢(图 4-69)。

8. "拧毛巾"　双手虎口握住下肢反方向推拧,疏通下肢经络,即"拧毛巾"(图 4-70(a)、(b))。

9. 放松关节　一手固定小腿,另一手握住足背,转圈放松踝关节;膝关节做屈、伸动作,一手放至腘窝处,另一手握足背将小腿由竖位深压向臀部,最后小腿复位平行床面(图 4-71(a)～图 4-71(c))。

10. 拉伸下肢　双手分别握脚背和踝关节,以拉、抖式放松下肢,幅度小,速度快(图

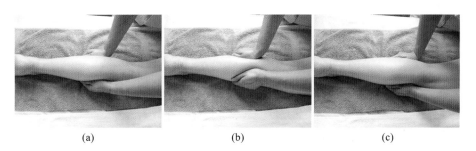

(a)   (b)   (c)

图 4-67 抱揉下肢

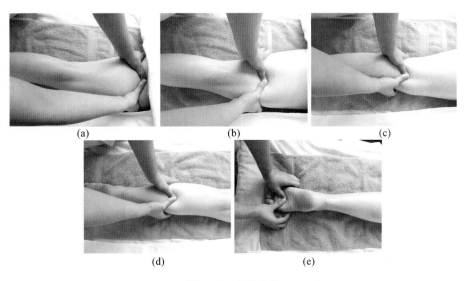

(a)   (b)   (c)

(d)   (e)

图 4-68 点按穴位

图 4-69 敲打下肢

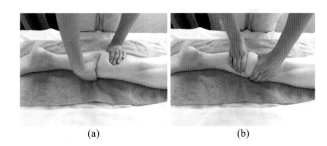

(a)   (b)

图 4-70 "拧毛巾"

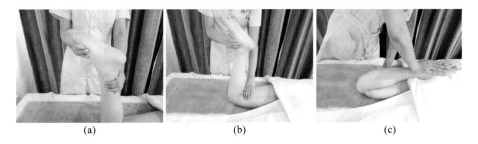

(a)   (b)   (c)

图 4-71 放松关节

4-72)。

11. 擦油结束 按抚擦油结束(图 4-73)。

图 4-72 拉伸下肢

图 4-73 擦油结束

12. 同法做右侧下肢

(三) 注意事项

(1) 妊娠期及月经期禁忌。

(2) 极度疲劳、酗酒后神志不清者不宜按摩。

(3) 身体患有肿瘤者,禁用精油按摩。

(4) 有皮肤病及皮肤破损者,如湿疹、癣、疱疹、溃疡性皮肤病、烫伤、烧伤、晒伤等禁忌。

(5) 有严重感染性疾病者,如肺炎、骨髓炎、急性化脓性关节炎、丹毒等禁忌。

(6) 患有严重疾病者,如严重心脏病、肝病、肺病、肾病及各种恶性肿瘤患者禁忌。

(7) 有血液病及出血倾向者,如重度贫血、血友病等血液系统疾病者禁忌。

(8) 操作前用物准备齐全,避免操作过程中离岗。

(9) 手法服帖,力度适宜,速度适中,与顾客保持良好的沟通。

(10) 精油按摩后 4 h 内禁止洗澡。

本项目重点提示

(1) 头部、肩颈部、背部、腰部、腹部、上肢及下肢按摩的作用及适应症状。

(2) 头部、肩颈部、背部、腰部、腹部、上肢及下肢按摩的操作方法及注意事项。

能力检测

一、选择题

1. 不经过头部的经脉是(　　)。

A. 督脉　　　　　　B. 足太阳膀胱经　　C. 带脉　　　　　　D. 足少阳胆经

2. 经常做头部按摩能达到的效果是(　　)。

A. 改善睡眠　　　　B. 缓解肩颈部疼痛　C. 治病　　　　　　D. 祛斑

3. 头部按摩常点按的穴位不包括(　　)。

A. 百会穴　　　　　B. 睛明穴　　　　　　C. 风池穴　　　　　D. 四神聪

4. 腹部按摩适合症状,下列选项不正确的是(　　)。

A. 便秘　　　　　　B. 腹部肥胖　　　　　C. 月经不调　　　　D. 失眠

5. 下列选项中,说法正确的是(　　)。

A. 有皮肤病及皮肤破损者禁止按摩

B. 孕妇下肢水肿可以多做下肢按摩

C. 腹部留有手术瘢痕者都不允许做按摩

D. 顾客有头晕头痛症状，立即做头部按摩

二、问答题

1. 身体按摩操作流程包括哪些？

2. 头面部常见亚健康问题有哪些？

3. 举例说明为什么肩颈部是人体容易衰老的部位。

4. 请简述背部按摩的注意事项。

5. 简述腰部按摩的作用及适应症状和人群。

6. 请列举上肢常见亚健康问题。

三、案例分析题

丁某，女，46岁，公司职员，体型微胖，肩膀酸痛，想通过按摩改善症状。查体：肩颈部肥厚，大椎凸起明显，局部皮肤无感染及皮肤疾病。主诉：肩颈部经常酸痛，晚上睡觉易醒，容易疲劳，半年来月经不规律，脾气暴躁。

请结合顾客现有症状及个人需求制定调理方案。

（梁超兰　陈志峰　张秋月）

项目五　美胸护理

学习目标

1. 掌握常用的美胸方法，熟练完成美胸护理操作。
2. 熟悉乳房的特征、生理功能及美胸护理的注意事项。
3. 了解乳房的发育、解剖结构及乳房的形态位置。

项目描述

本项目主要介绍乳房的发育、解剖结构、形态位置、特征及生理功能，常见美胸方法、美胸护理操作程序及美胸护理注意事项。学生通过本项目的学习，具备对顾客乳房进行正确分析的能力，熟练完成美胸护理操作，指导顾客进行营养丰胸、运动美胸，正确地选择丰胸产品。

案例引导

　　张某，女，33岁，公司职员。自诉产后哺乳1年，乳房松弛下垂、外扩，体型微胖。哺乳期间乳房胀痛，没有正确穿着内衣。目前意识到形体与形象的重要性，想改善胸型。

　　问题：

　　1. 如何正确测量张某的乳房围度？

　　2. 怎样正确分析张某的乳房情况？判定乳房类型？

　　3. 请为张某制定科学的美胸护理计划，并为张某进行专业美胸护理。

一、概述

（一）乳房的发育

隆起的胸部，波浪起伏的乳峰，是构成女性曲线美的重要组成部分。一般来说，青春期女子8～13岁后乳头开始萌生，胸部耸出；15～16岁后，乳房逐渐趋于成熟而形成胸部曲线。胸部发育从青春期到老年期经历6个阶段。

1. 青春期（10～18岁）　受雌性激素和黄体激素的影响开始发育，这个阶段应注重饮食和运动。

2. 成熟期（25岁后）　乳房发育成熟，重点在于健美。

3. **孕期** 受雌激素和孕激素的刺激,乳腺组织增生,乳房膨胀、增大。

4. **哺乳期** 脑垂体分泌垂体泌乳素,促使乳腺分泌乳汁,乳房变松弛。

5. **更年期** 循环变慢,女性激素分泌不稳定,胸部松弛、下垂。

6. **老年期** 循环变差,女性激素的分泌逐渐减少,胸部变得干扁萎缩。

（二）乳房的解剖结构

乳房位于胸壁的表皮组织内,主要由腺体、导管、脂肪组织、结缔组织等构成。乳房的大小取决于乳腺组织和脂肪的数量(图 5-1(a)、图 5-1(b))。

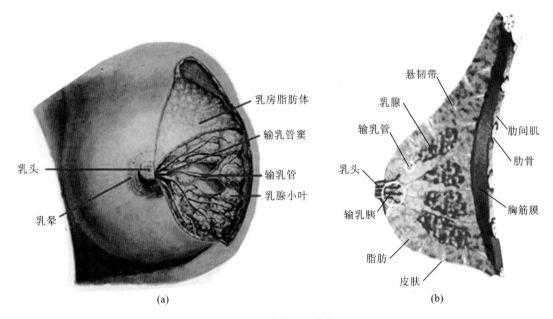

(a)   (b)

图 5-1 乳房解剖结构

1. **腺体组织** 乳房内乳腺组织占乳房体积的 1/3。乳房中约有 20 个乳腺,每一个乳腺由 15～20 片乳腺小叶组成。乳腺小叶以乳头为中心呈放射状排列,每个小叶有一排泄管,为输乳管,在近乳头处,输乳管扩大为输乳管窦,其末端变细,开口于乳头。

2. **脂肪组织** 脂肪组织占乳房体积的 2/3,是构成乳房体积的主要部分,脂肪组织呈囊状包于乳腺周围。

3. **结缔组织** 乳房通过胸大肌和乳房悬韧带支撑乳房的重量和固定其位置,并维持乳房的坚挺和突出。当胸肌和皮肤老化衰弱了,乳房就会下垂变形。

4. **乳房附属器** 乳房内的淋巴、血管、神经呈网状相通,互相吻合,以供给乳房营养。

（三）乳房的形态位置

受年龄及各种不同生理时期等因素的影响,乳房的形态和位置存在着个体差异。作为现代女性,应对自身乳房增加认识,懂得乳房美的重要性,注意维持乳房美的形态。

1. **形态** 乳房的形态因种族、遗传、年龄、哺乳等因素而差异较大。亚洲成年女性的乳房一般呈半球形或圆锥形,两侧基本对称,妊娠和哺乳期乳腺增生,乳房明显增大。停止哺乳以后,乳腺萎缩,乳房有一定程度的下垂、变小,或略扁平。老年女性的乳房常萎缩下垂。

2. **乳头** 乳头位于乳房的中心。正常乳头呈筒状或圆锥状,两侧对称,呈粉红色或棕色。乳头直径为 0.8～1.5 cm,上有许多小窝,为输乳管开口。

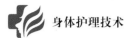

3. 乳晕 乳晕介于乳头和乳房皮肤之间,呈环状。乳晕的直径为 3～4 cm,色泽各异,青春期呈粉红色,妊娠期、哺乳期色素沉着加深,呈深褐色。乳晕表面有许多点状小隆起,是深部乳晕腺开口部位,其深面为乳晕腺,它们可分泌脂性物质滋润乳头,起润滑和保护作用。

4. 皮肤 乳房的皮肤比较白皙,在腺体周围较厚,乳头和乳晕等部位较薄,容易损伤。

5. 位置 乳房位于两侧胸大肌的前方,其位置与年龄、体型及乳房发育程度有关。青年女性乳头一般位于第 4 肋间或第 5 肋间水平,锁骨中线外 1 cm 处。成年女性的乳房一般位于胸前第 2 至第 6 肋骨之间,两侧对称。内缘近胸骨旁,外缘达腋前线。乳房肥大时可达腋中线。中年女性乳头位于第 6 肋间水平,锁骨中线外 1～2 cm 处。

（四）乳房的特征

乳房是女性特有的保持女性曲线美的器官。随着人类文明的进步和服饰的变化,女性乳房"美"的功能已逐渐被人们高度重视,成为女性美的必要条件。每一位女性都希望拥有一对丰满和富有弹性的乳房。古希腊艺术家雕刻的裸体女性和文艺复兴时期欧洲画家创作的美丽女神,都注意突出完美的乳房。

1. 乳房的美学标准 乳房的美学标准主要指乳房审美标准。

（1）乳房外形:形态丰满、高耸挺拔,呈半球形。

（2）乳房位置:两侧乳房等高、对称,位于第 2～6 肋间。

（3）乳房高度:乳房的轴线,即从基底面至乳头的高度为 5～7 cm。

（4）乳房性质:柔韧而富有弹性。

（5）乳房皮肤:红润有光泽,无皱褶,无凹陷。

（6）乳盘直径:乳房基底横径为 10～12 cm。

（7）乳头位置:位于第四肋间或稍下。

（8）乳头形态:乳头突出、挺拔,略向外翻。

（9）乳头间距:两乳头间的间隔一般在 22～26 cm。希腊人的美学标准是,女性两乳头与锁骨切迹构成一个等边三角形。

（10）乳头色泽:呈粉红色,润泽。

（11）乳晕:乳晕清晰,颜色红润,直径为 2～4 cm。

（12）乳房围度:身高在 155～165 cm 者,通过乳头的胸围应大于 82～86 cm。东方女性的完美胸围也可用公式计算:标准胸围 ＝ 身高(cm)×0.53。按此标准计算:①胸围/身高(cm)≤0.49,属于胸围偏小。②胸围/身高(cm)＝0.5～0.53,属于标准状态。③胸围/身高(cm)＝0.53～0.6,属于理想胸围。④胸围/身高(cm)＞0.6,属于胸围过大。

▌知识拓展▐

乳头位置与年龄、身高、乳房体积的关系

1. 乳头位置与年龄　乳头位置随着年龄增长向外下方移动。

2. 乳头位置与乳房体积　乳房体积每增加 300 mL,乳头向下方移动 1.0 cm。

3. 乳头位置与身高　乳头与胸骨切迹间距＝1/10 身高(cm)＋2(cm),为身长的 11%～11.5%。

2. 乳房的形态分类 女性乳房的大小、形态与前突程度因人而异,根据生理发育状况,

分为成年未育女性乳房和已婚已育女性乳房两个阶段。

（1）成年未育女性乳房常见形态：

①幼稚型：乳腺基本未发育，可见微微隆起的轮廓或在乳晕及周围有发育形成的小乳房，乳头乳晕基本形态正常，胸围环差小于 10 cm。青年女性中小乳房约占 10%。

②圆盘形：乳房前突 2～3 cm，乳头在圆盘中央，乳体初步发育，胸围环差约 12 cm，属比较平坦的乳房。青年女性中，圆盘形乳房约占 15%，多见于青春发育初期的女青年。

③半球形：乳房前突 4～5 cm，乳头位于中央部，乳体隆起明显，具备半球体特征，胸围环差约 14 cm，属比较美观的乳房。青年女性中，半球形乳房约占 50%。

④丰满型：乳房前突 5～6 cm，约等于乳房底盘半径。乳腺发育良好，胸围环差约 16 cm。乳房形态饱满挺拔，乳体富有弹性和柔韧感。胸肌线上形成明显的乳沟，这种乳房不仅造型美，而且最具性感魅力。青年女性中丰满型乳房约占 20%。

⑤悬垂型：乳房纵轴长度等于或大于乳房基部直径，明显向外下倾斜，乳房下部皮肤最低点低于乳房下缘，有乳房下皱襞形成。乳沟宽而浅，皮肤较松弛，弹性较差。乳体有筒状感，美学特征不良。青年女性悬垂型乳房约占 4%。

⑥肥大性：成人未生育女性肥大乳房主要由乳腺过度发育引起，少数由脂肪堆积和乳腺肥大引起。组织弹性差，平卧位有流动性，站立呈葫芦状，乳房形态失去正常美学特征。

（2）已婚已育女性乳房常见形态：

①松垂型：乳房轻度萎缩，组织松软下垂，乳头指向外下方。

②萎缩型：乳房重度萎缩，乳房中央部分乳腺组织部分存留，皮下脂肪少，乳头指向前方。

③肥大型：见于肥胖体型者，乳房体积进一步增加，组织松软并伴有下垂，呈面袋状。

④混合型：上述三种乳房均存在，表现为不对称型，如一侧肥大，另一侧松垂，或一侧萎缩，另一侧松垂。

（五）乳房的生理功能

1. 哺乳　乳房最基本的生理功能是哺乳，乳房是哺乳动物所特有的哺育后代的器官。产后在大量激素的作用及小婴儿的吸吮刺激下，乳房开始规律性地产生并排出乳汁。

2. 第二性征　乳房是女性第二性征的重要标志。乳房在月经初潮之前 2～3 年已开始发育，在 10 岁左右就开始生长，是最早出现的第二性征，是女孩青春期开始的标志。拥有一对丰满、对称而外形漂亮的乳房是女子健美的标志。每一位女性都希望能拥有完整而漂亮的乳房，以展示自己女性的魅力。因此，乳房是女性形体美的重要组成部分。

3. 参与性活动　乳房是女性除生殖器以外最敏感的器官。在性活动中触摸、爱抚、亲吻等刺激时，乳房的反应可表现为：乳头勃起，乳房表面静脉充血，乳房胀满、增大等。随着性刺激加大，至性高潮来临时，这种反应达到顶点，消退期则逐渐恢复正常。因此，乳房在整个性活动中占有重要地位。

二、常用的美胸方法

拥有健美的胸部是每一位爱美女性梦寐以求的事情，女性胸部健美包括胸肌的发达和乳房的丰满。胸肌发达与否主要与平时的锻炼有关，锻炼可以使胸部更加挺拔；而乳房的丰满与否，除了与遗传因素有关外，还跟保持正确的姿势和体态，养成良好的生活习惯，经常进行胸部和乳房按摩，合理运用丰胸产品及日常膳食营养密切相关。因此，女性选择丰胸的方式和方法也是多样性的。

（一）运动

通过体育锻炼不仅可以丰胸还可以达到健胸效果。少女在乳房发育期应特别注意加强运动,促使胸肌发达。如果少女胸廓发育不良,就直接影响乳房健美。少女胸廓发育良好,就能为塑造健美乳房奠定基础。成年女性坚持做胸部运动可以健胸美胸,达到避免乳房松弛、下垂的作用。但是,进行体育锻炼特别是剧烈运动时,要注意佩戴胸罩。

1. 锻炼胸肌 俯卧撑、单杠引体向上、双杆双臂屈伸、举哑铃动作、健美操、瑜伽、跑步、球类运动等均能使乳房胸大肌发达,促使乳房隆起。游泳可以使乳房韧性和弹性增强,乳房结实、坚挺、饱满、健美。

2. 扩胸运动 两臂或肘臂平展,尽力向后扩张;两臂上举,掌心向前,用力向后运动。上述动作可运动胸部肌肉,促进胸部血液流通和新陈代谢,让胸部更加紧实富有弹性。

（二）营养

乳房的大小取决于乳腺组织和脂肪的数量,乳房内乳腺组织占乳房体积的1/3,脂肪组织占2/3。因此,适当地增加胸部脂肪,是促进胸部健美的有效方法。同时想要拥有丰满的乳房,不仅应该从均衡饮食着手,还要食用蛋白质含量丰富的食物,以促进乳房发育。摄入富含多种维生素、矿物质的食物来刺激雌激素的分泌。丰胸中药也可适当补充。多饮水可对滋润、丰满乳房起到直接作用。

1. 总能量的摄入 保证总能量的摄入。总能量摄入以体重为基础,使体重达到或略高于理想范围。

2. 蛋白质 蛋白质是构成人体的成分,也是构成人体的重要生理活性物质,尤其是激素的主要成分,也是乳房发育不可缺少的重要营养物质。如瘦肉、鱼、蛋、牛奶、大豆等。

3. 胶原蛋白 对于防止乳房下垂有很好的营养保健作用。因为乳房依靠结缔组织外挂在胸壁,而结缔组织的主要成分就是胶原蛋白。如肉皮、猪蹄、牛蹄、牛蹄筋、鸡翅等。

4. 维生素 各种维生素,如维生素E、B族维生素、维生素C、维生素A等,都有刺激雌激素分泌、促进乳房发育的作用。

5. 矿物质 矿物质是维持人体正常生理活动的重要物质,有些物质还参与激素的合成和分泌。

6. 丰胸药膳 使用具有补益气血、健脾益肾及疏肝解郁功效的中药,如人参、当归、黄芪、枸杞子、红枣、桂圆、山药、陈皮、玫瑰花等。

▌ **知识拓展** ▌

营养丰胸最佳时间

乳房组织受激素影响,随着月经来潮呈周期性变化。在月经周期的前半期,受促卵泡激素的影响,卵泡逐渐成熟,雌激素水平逐渐增高,乳腺出现增殖样变化。排卵以后,孕激素水平升高,催乳素也增加。月经来潮前3～4天体内雌激素水平明显增高,乳腺组织活跃增生,腺泡形成,乳房明显增大、发胀。月经来潮后雌激素和孕激素水平迅速降低,乳腺开始复原,乳房变小变软。数日后,随着下次月经期的开始,乳腺变化又进入了增殖期。月经周期的前半期和排卵期,在均衡饮食基础上摄入高热量的营养物质,可以使脂肪较快囤积于胸部,促进丰胸。

（三）按摩

结合丰胸按摩介质，运用各种推拿手法、穴位按摩，刺激经络、疏通气血，提高代谢能力，加快血液循环，将营养运送至乳房；同时能使局部肌肉丰满且富有弹性。按摩乳房能使交感神经和副交感神经活跃，促进乳腺的发育，乳房就会丰隆挺拔，保持优美曲线。

（四）丰胸产品

随着社会的进步，物质生活水平的提高，女性在对乳房美追求观念上也有了变化。美胸产品是最普遍的丰胸方式，已经成为畅销产品之一。丰胸产品的种类也十分繁多，总体上可以分为化学产品和天然植物提取的丰胸精华两类。有内服和外用两种。选择丰胸产品一定要谨慎，应在专业医生的指导下进行。美体师也应了解合格丰胸产品须符合的三个标准。

1. 结合乳房生理构造特点　乳房构造复杂，平、小、垂、萎缩的原因各不相同。丰胸应该针对性解决经络气血淤堵、激素水平低或发育不良等问题。

2. 有中华人民共和国卫生和计划生育委员会批准特殊用途化妆品许可证书　卫生和计划生育委员会规定丰胸用途的外用产品必须获得"卫妆特"（即特殊用途化妆品）批文。

3. 有完善细致的售后服务　购买使用丰胸产品时，消费者有必要向厂方、销售方寻求指导和品质保证。

（五）隆胸术

如果以上方法效果不明显或无效时，可以找正规专业的整形美容医院做隆胸术。乳房美容整形术是应用现代外科技术，结合"艺术雕琢"，对形态、大小及位置等不理想的乳房进行美容整形，还可以为乳房缺失者重建乳房，使之具有正常外观和形态。常见隆胸方法如下。

1. 假体丰胸　主要是指硅胶或膨体植入，这两种假体具有较好的组织相容性，所形成的新乳房手感柔软、自然。根据求美者的要求，假体隆胸手术切口可以选择在乳房下皱襞、乳晕或腋下，把假体放置在乳腺组织和胸肌组织之间的位置，或植入胸肌组织以下的位置，确保乳房的固位，保持良好的形态和手感。

2. 自体脂肪丰胸　利用其自身脂肪为材料移植到胸部，从而达到丰胸效果，兼容性非常好且没有排异现象，但是身材瘦小的人不适用。

总之，要慎重地选择适合自己的丰胸方式和方法，千万不要盲目选择。

三、美胸护理操作程序

（一）准备工作

1. 美容师准备　仪容、工作装、工作鞋等符合标准要求；戴口罩、清洁双手并保持手温。

2. 用物准备

（1）用具：护理车，护理床，毛巾、床单、浴巾或浴袍，依情况准备被子；软尺、体重电子秤、纸、笔、计算器；剪刀、弯盘、镊子、膜碗、调棒、调配按摩油器皿；美胸仪器（奥桑蒸汽机、超声波导入仪、美胸按摩仪）。

（2）用品：身体清洁乳、去死皮膏、美胸乳（膏、霜或精油）、导入精华素、身体膜（热膜粉）、保鲜膜、爽肤水、美胸精华乳、75%酒精棉片、洁面巾。

3. 环境准备　温度适宜，灯光柔和，柔美的背景音乐等。

4. 顾客准备　及时安置顾客。操作前告诉顾客护理步骤、护理时间、护理方法等，提前让顾客了解整个护理过程，做好心理准备。

（二）测量胸围及相关围度

1. 胸围 过双侧乳头处水平测量胸围。

2. 腰围 腰的最细水平围长。

3. 腹围 经两侧髂嵴最高点的腹部水平围长。

4. 臀围 臀部向后最突出部位水平围长。

（三）身体清洁

1. 请顾客进行全身淋浴

2. 视顾客皮肤情况去角质

（1）应根据顾客皮肤状况决定是否去角质、脱屑或用其他方式。

（2）去角质。用左手食、中指将皮肤轻轻绷紧，右手中指无名指并拢，用指腹在绷紧的皮肤上轻柔打圈。去角质时要避开乳晕和乳头部位。

（四）按摩手法

根据顾客身体状况及美容院仪器设备情况，可以选择手法按摩或者美胸仪器按摩。

1. 手法按摩 用美胸膏或按摩油按摩胸部 30～40 min。分整体按摩和分侧按摩两个阶段。

1）第一个阶段 整体按摩。

（1）按抚上油：

①双手同时按抚乳房，上按摩油。

②分侧打圈按抚乳房（图 5-2（a）～图 5-2（d））。

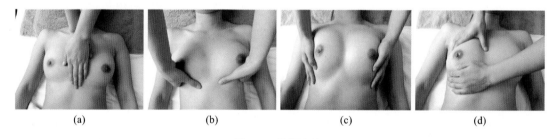

(a)　　　　　　　(b)　　　　　　　(c)　　　　　　　(d)

图 5-2　按抚上油

（2）三线开穴：

①按抚三段：平掌呈扇形按抚三段，即双侧乳房所在平面、双侧乳盘下缘至肚脐、肚脐至耻骨上缘，由上至下（图 5-3（a）～图 5-3（c））。

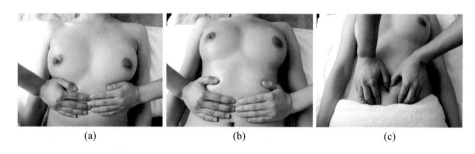

(a)　　　　　　　　(b)　　　　　　　　(c)

图 5-3　按抚三段

②点按三条线：双手大拇指点按肋骨缝，由乳房向锁骨水平方向分三条线，每条线分三点

按压,由里至外(图 5-4(a)～图 5-4(c))。

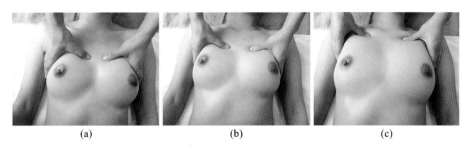

图 5-4 点按三条线

③滑拉三条线:双手大拇指滑肋骨缝,由乳房向锁骨水平方向分三条线滑拉骨缝,由里至外。

(3)弹拨乳房:

①上弹指式弹拨乳房。

②下弹指式弹拨乳房(图 5-5(a)、图 5-5(b))。

2)第二个阶段 分侧按摩。先按摩左侧,后按摩右侧。

(1)按抚上油:"打太极"式上按摩油(图 5-6)。

(2)疏通乳盘:一手固定乳房,另一手四指沿乳盘以螺旋打圈的方式疏通乳盘(图 5-7)。

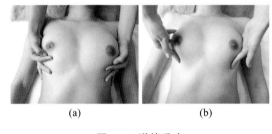

图 5-5 弹拨乳房

图 5-6 按抚上油

(3)疏通乳腺:

①掌推外侧乳腺。

②拇指推乳腺管(图 5-8(a)、图 5-8(b))。

图 5-7 疏通乳盘

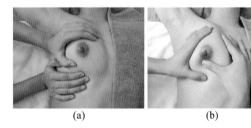

图 5-8 疏通乳腺

(4)点按穴位:

①开五穴:大拇指分别点按乳根穴、灵虚穴、步廊穴、屋翳穴、天溪穴(图 5-9)。胸部穴位名称及定位见表 5-1。

②点按乳房:双手指腹同时点按乳房,由外至内(图 5-10)。

（5）揉捏乳房：双手交替揉捏乳房（图 5-11）。

图 5-9　开五穴

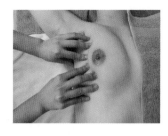
图 5-10　点按乳房

图 5-11　揉捏乳房

表 5-1　胸部穴位名称、定位

穴位名	归　　经	定　　位
乳根穴	足阳明胃经	胸部，第五肋间隙，前正中线旁开 4 寸
灵虚穴	足少阴肾经	胸部，第三肋间隙，前正中线旁开 2 寸
步廊穴	足少阴肾经	胸部，第五肋间隙，前正中线旁开 2 寸
屋翳穴	足阳明胃经	胸部，第二肋间隙，前正中线旁开 4 寸
天溪穴	足太阴脾经	胸部，第四肋间隙，前正中线旁开 6 寸

（6）推赶脂肪：双手交替推赶腰背脂肪至胸部（图 5-12（a）、图 5-12（b））。

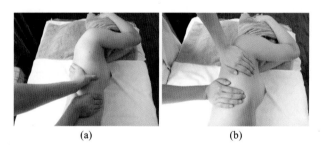
（a）　　　　　　　　　　（b）

图 5-12　推赶脂肪

（7）塑形乳房："V"式塑形乳房，以"转、定、颤、提"等方法塑胸形（图 5-13（a）、图 5-13（b））。

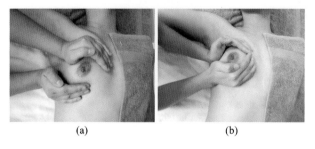
（a）　　　　　　　　　　（b）

图 5-13　塑形乳房

（8）淋巴排毒：双手拇指由腋下淋巴经手臂从中指滑出（图 5-14（a）、图 5-14（b））。

（9）擦油结束。

（10）同法做另一侧。

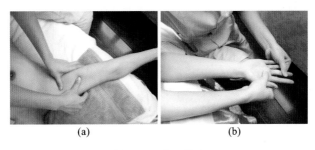

(a)   (b)

图 5-14 　淋巴排毒

2. 仪器按摩　通过按摩手法按摩乳房后，选择碧波庭仪器塑形（图 5-15(a)、图 5-15(b)）。

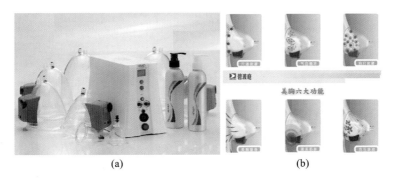

(a)   (b)

图 5-15 　碧波庭塑形

（五）精华素导入

美胸精华素借助超声波导入仪进行超声波导入，加强精华素的吸收。操作时，超声波强度视顾客情况选择。导入时间初次以最短为宜，避免空导或干导，导头不可触碰到乳头或者乳晕。

（六）敷身体膜

1. 涂底霜　涂抹美胸霜。

2. 保护乳头、乳晕　将浸湿、拧干后微潮的薄纱布覆盖在乳头、乳晕上，以减少刺激。

3. 敷膜　敷保鲜膜，倒胸膜。

（七）涂抹精华乳

根据顾客的皮肤状况和需要涂抹美胸精华乳。

（八）评价效果

再次测量体重、身体围度，对数据进行前后比较分析和评价，并请顾客对减肥效果自评（表 5-2）。

（九）整理工作

1. 整理用品用具　拧紧产品的瓶盖，使其密闭保存。洗净、擦干工具和器皿，及时彻底消毒。

2. 整理仪器　切断仪器电源，进行清洁消毒及养护工作。

3. 整理美容室　整理美容床及周围环境，换上干净的床单、床巾。

表 5-2　美胸护理效果评价表

档案号：　　　　　　姓名：　　　　　身高（cm）：

日期	次数	美胸护理前数据（cm）						
		体重	胸围			腰围	腹围	臀围
			上围	中围	下围			
		美胸护理后数据（cm）						
		体重	胸围			腰围	腹围	臀围
			上围	中围	下围			
美容师数据分析								
顾客满意度		□满意 □一般 □较差	□满意 □一般 □较差	□满意 □一般 □较差	□满意 □一般 □较差	□满意 □一般 □较差	□满意 □一般 □较差	□满意 □一般 □较差

四、美胸护理的注意事项

1. 佩戴合适的文胸　选择合适的文胸是保护双乳的必要措施，因此要选择合适的文胸型号保护乳房。

2. 避免束胸　有些女性面对乳房的增大而感到羞涩，于是采用束胸或穿紧身内衣的办法来掩饰。这样做会限制乳房的增大，且易影响乳房正常发育，产生不良后果。据医学资料证实，长期束胸的人比不束胸的胸廓发育差，肺活量低。长期束胸还会导致发育不全，乳头凹陷，影响乳汁分泌，且易得乳腺炎。另外也会影响乳房健美的外在形象。

3. 保护乳房　乳腺在外力挤压下，很容易形成炎症，即乳腺炎。所以，平时对乳房要注意保护，不要挤压、碰撞，睡觉时不要俯卧，以免压迫乳房；晚上休息时务必脱下文胸睡觉；运动时要佩戴合适的文胸，避免撞击，以防发生炎症或增生。

4. 合理服用激素类药物　女性体内雌激素水平持续过高，乳腺、阴道、宫颈、子宫体、卵巢等患癌的可能性就增大。滥用药物或丰胸产品，不但会引起恶心、呕吐、厌食等症状，还可能出现子宫出血、子宫肥大、月经紊乱和肝、肾功能损害。

5. 按摩时的注意事项　操作过程中注意保护顾客隐私，避免触碰顾客头面部及乳头。按摩手法要求服帖，力度适中，力达深层，学会用身体力量技巧；点穴准确，力度遵循轻—重—轻，切忌用爆发力。

■ 本项目重点提示

（1）乳房的发育、解剖结构、形态位置、特征及生理功能。

（2）常见美胸方法主要有运动、营养、按摩、丰胸产品、隆胸术。

（3）美胸护理操作程序包括：准备工作、测量胸围、身体清洁、美胸按摩手法、美胸精华导入、敷身体膜、涂抹身体精华乳、评价减肥效果、整理工作。

（4）美胸护理的注意事项。

能力检测

一、选择题

1. 下列说法不正确的是（　　）。

A. 青春期受激素影响,乳房开始发育

B. 孕期荷尔蒙上升,乳腺组织增生,乳房增大

C. 乳房内乳腺组织占乳房体积的 1/3

D. 脂肪组织占乳房体积的 1/3

2. 关于乳房的形态、位置,说法正确的是（　　）。

A. 乳房的形态受种族、遗传、年龄影响

B. 妊娠期、哺乳期色素沉着加深

C. 乳房部的皮肤在腺体周围较薄

D. 青年女性乳头位置比已婚已育女性靠上靠内

3. 不属于影响乳房发育不良的原因是（　　）。

A. 雌激素分泌不够　B. 青春期营养不良　C. 缺少体育锻炼　D. 发胖

4. 女性哺乳后,乳房外在的形态特征常发生变化,下列选项描述不正确的是（　　）。

A. 松弛型　　　　　　B. 萎缩型　　　　　C. 挺拔型　　　　　D. 外扩型

5. 含胶原蛋白少的食物是（　　）。

A. 鱼皮　　　　　　　B. 瘦肉　　　　　　C. 猪蹄　　　　　　D. 猪皮

6. 关于美胸的说法,下列不正确的选项是（　　）。

A. 多吃肥肉　　　　　　　　　　B. 适当运动

C. 保持愉悦的心情　　　　　　　D. 佩戴合适的文胸

二、问答题

1. 乳房的美学标准包括哪些?

2. 简述成年未育女性乳房的类型。

3. 常见美胸方法有哪些?

4. 美胸护理的注意事项有哪些?

三、案例分析题

江某,女,18 岁,大学生,中等身材,乳房较小,想通过按摩丰胸。查体:乳房扁平,发育较慢。主诉:怕长胖经常不吃主食,经常熬夜,平时喜欢运动。

请结合顾客需求制定丰胸方案。

（梁超兰　温中梅）

项目六 减肥护理

学习目标

1. 掌握肥胖的判断方法与减肥护理操作方法。
2. 熟悉肥胖的分类及常用减肥方法。
3. 了解肥胖的危害。

项目描述

本项目主要介绍肥胖的判断方法、常用减肥方法、减肥护理操作程序以及减肥的注意事项。学生通过本项目的学习,具备对顾客的体型进行正确分析的能力,能熟练完成减肥护理操作,指导顾客进行饮食减肥、运动减肥。

案例引导

赵某,女,18岁,大学生,自诉自幼肥胖,饮食量大,胃口好,不爱运动。现在意识到肥胖影响到自己的形体与形象,想要减肥。

问题:

1. 如何正确测量赵某的体重与身体围度?

2. 怎样对赵某的形体进行正确分析,如何判定胖瘦程度并分类?

3. 请为赵某制订科学的减肥计划,作为美容师,你如何为赵某进行专业减肥护理?

一、肥胖概述

(一)概念

肥胖是指机体能量的摄入高于消耗,造成体内脂肪堆积过多,体重超过标准体重20%以上,导致体态臃肿、代谢紊乱、脏腑功能异常(图6-1)。

(二)判断方法

(1)标准体重简单计算法,即标准体重(kg)=身高(cm)-105(男性)或100(女性)

（2）脂肪百分率(%)＝(4570÷身体密度－4.142)×100%

（3）体重身高指数(BMI)＝体重(kg)/身高(m²)

（4）肥胖度＝$\frac{实际体重－标准体重}{标准体重}×100\%$

肥胖度在±10%为正常，肥胖度在10%～20%为超重。

轻度肥胖判定：体重超过标准体重的20%～30%，脂肪百分率超过30%～35%，BMI 25～30 kg/m²。

中度肥胖判定：体重超过标准体重的30%～50%，脂肪百分率超过35%～45%，BMI 30～40 kg/m²。

图6-1 肥胖

重度肥胖判定：体重超过标准体重的50%以上，脂肪百分率超过45%，BMI 大于40 kg/m²。

（三）分类

肥胖按病因及发病机制分为单纯性肥胖和继发性肥胖。

1. 单纯性肥胖 占肥胖人群的95%以上，是肥胖中最常见的一种类型。多与营养过剩和遗传因素有关。单纯性肥胖又分为体质性肥胖和获得性肥胖两种。

（1）体质性肥胖：一般从出生后半岁左右起即开始出现肥胖，有肥胖家族史。体质性肥胖是由于遗传和营养过剩致机体脂肪细胞数量增多、脂肪细胞体积变大造成的。

（2）获得性肥胖：一般从20岁左右开始出现肥胖。获得性肥胖是由于营养过剩，或体能消耗减少，机体能量的摄入高于消耗，多余的热量转化为脂肪储藏，促进脂肪细胞肥大、增生，大量堆积造成的。

2. 继发性肥胖 占肥胖人群的5%左右，由内分泌失调或代谢障碍引起。临床表现以原发性疾病的症状为主，肥胖只是临床表现之一。

（四）形成因素

1. 遗传因素 单纯性肥胖与遗传因素有一定的关系，双亲中一方为肥胖，其子女肥胖率大约为50%；双亲中双方均为肥胖，其子女肥胖率为70%～80%。

2. 饮食 与长期摄入能量过多，而运动不足有关。一般认为高脂肪、高热量饮食，动物内脏摄入过多，爱吃零食、甜食，进食速度过快，经常大量饮酒，均可导致肥胖的发生。

3. 神经精神因素 已知人类与多种动物的下丘脑中存在着两对与摄食行为有关的神经核。一对为腹内侧核(VMH)，又称饱中枢；另一对为腹外侧核(LHA)，又称饥中枢。饱中枢兴奋时，机体有饱感而拒食，被破坏时则食欲大增；饥中枢兴奋时，机体食欲旺盛，被破坏时则厌食拒食。两者相互调节，相互制约，在生理条件下处于动态平衡状态，使食欲调节在正常范围，继而使人体体重处于正常范围内。肥胖多由腹内侧核破坏，则腹外侧核功能相对亢进而贪食引起。另外，食欲与精神因素的影响有关。当精神过度紧张而交感神经兴奋或肾上腺素能神经受刺激时(尤其是α受体占优势)，食欲处于抑制状态；当迷走神经兴奋而胰岛素分泌增多时，食欲处于亢进状态。

4. 高胰岛素血症 胰岛素有显著的促进脂肪蓄积作用。肥胖常与高胰岛素血症并存，但一般认为系高胰岛素血症引起肥胖，高胰岛素血症性肥胖者的胰岛素释放量约为正常人的3倍。

5. 褐色脂肪组织异常 褐色脂肪组织是近几年来才被发现的一种脂肪组织，作为产热组织直接参与体内热量的总调节，将体内多余的热量向体外散发，使机体能量代谢趋于平衡。

肥胖者由于褐色脂肪组织量少或功能障碍,使产热功能异常而导致肥胖。

6. 其他 肥胖的发生还与生活方式、工作环境、季节变化、所处年龄阶段及性别等有一定关系。

（五）肥胖症的危害

（1）肥胖者因体态臃肿影响人体形态美,行动不便,甚至引起身心障碍,如精神压力大、自卑感等。

（2）肥胖易使人出现乏力、气促、不耐受体力劳动;因体重增加,可引起腰痛、关节痛。

（3）肥胖者因体内脂肪组织增多,基础代谢率加大,心输出量增加,易引起心肌肥厚和动脉粥样硬化,继而诱发高血压、冠心病、脑血管疾病,甚至猝死。

（4）肥胖者易患内分泌代谢性疾病。如糖代谢异常易引起糖尿病,脂肪代谢异常可引起高脂血症,核酸代谢异常会引起高尿酸血症等。

（5）肥胖者易患肝胆性疾病。如摄入能量过剩,肝细胞内脂肪浸润,导致脂肪肝;脂类代谢失调,使胆固醇过多诱发胆结石。

（6）肥胖者易出现呼吸功能障碍,可并发睡眠呼吸暂停综合征。

（7）肥胖可增加恶性肿瘤的发病率;可引起性功能衰退,男子阳痿,女子月经过少、闭经和不孕症等。

（六）肥胖与浮肉的关系及区别

浮肉也称"橘皮"、"蜂窝"、"海绵",是因为脂肪细胞变大后推挤到真皮层的结缔组织,使细胞间隙变小,导致水分及代谢物滞留在脂肪层,皮肤表面出现像风干的橘子皮一样皱皱的、凹凸不平的外观。

肥胖的女性几乎都有"橘皮"。但浮肉并不完全与肥胖有关。如很瘦的女性（体重不超标,在正常体重范围内）也有可能出现橘皮状皮肤。主要与女性荷尔蒙分泌紊乱有关。受激素的影响,浮肉多出现在腹部、臀部、大腿根部、手臂,脂肪堆积在局部。

（七）肥胖好发部位

女性脂肪易堆积在乳房、腹部、大腿和臀部;男性则多堆积在头颈、背脊和腹部。

二、减肥方法

（一）饮食减肥

1. 食物品种选择 以低热量、低脂肪、低糖、低盐、高蛋白质、高膳食纤维食物为主。

2. 烹调方式选择 多用蒸、煮、凉拌等,减少煎、炸方式。

3. 进餐习惯 三餐定时定量,晚餐少吃,少吃零食。细嚼慢咽,控制进食速度。

4. 常用减肥食品

（1）蔬菜、水果类:蔬菜、水果属低热量食物有助于降低总热量,体积大可增加饱胀感,有助于减少食物摄入量;含膳食纤维素,有助于促进肠道蠕动,是较好的减肥食物。冬瓜、黄瓜、苦瓜、丝瓜、豆芽等含水分较多,食后产热少,不易形成脂肪堆积。黄瓜含丙醇二酸可抑制糖类转化为脂肪,减少人体脂肪堆积;冬瓜有利尿作用,有助于排除体内的水分。木耳、蘑菇、韭菜、芹菜等含大量膳食纤维,促进肠道蠕动,减少吸收。白萝卜、山楂能消积化滞、促进脂肪分解。水果可选苹果、梅子、番木瓜等。

（2）谷类:玉米、魔芋等。魔芋含葡甘露聚糖,是一种特殊的、优良的可溶性膳食纤维,低热能,是比较理想的减肥食物。

(3)水产品类:虾、海参、章鱼、海蜇等,蛋白质含量高,而脂肪含量低。

(4)其他:荷叶、玉米须、食醋、大蒜、甲壳素等。食醋中含有挥发性物质、氨基酸和有机酸等。这些物质可以刺激人体的大脑中枢,使消化器官分泌大量利于食物消化、吸收的消化液,从而改善人体的消化功能。食醋中的氨基酸还可以消耗体内脂肪,促进糖、蛋白质的代谢,起到减肥作用。

(二)运动减肥

运动减肥是目前肥胖者采用最多,也是最有效的减肥方法之一。通过运动消耗体内脂肪,促进脂肪代谢,达到减肥的目的。

1. 运动方式选择　对减肥最有效的运动方式是有氧运动。有氧运动是以训练耐力、消耗体内脂肪,增强和改善心肺功能,预防骨质疏松,调节心理与精神状态为主要目的,是人体在氧气充分供应的情况下进行的体育锻炼。有氧运动时葡萄糖代谢后生成水和二氧化碳,可以通过呼吸排出体外,对人体无害。常见的有氧运动项目有慢跑、快步走、爬山、游泳、骑自行车、跳绳、跳健美操、打乒乓球等。

2. 运动强度控制　因人而异,适量运动,循序渐进。依据顾客体质、肥胖程度,运动强度应从低强度向中、高强度逐渐过渡,持续时间应逐渐加长,运动次数由少增多。体质好,肥胖程度轻的肥胖者,一开始就可以选择运动量较大的项目,如长跑、爬山、游泳、快骑自行车等;若体质较差、肥胖明显者,刚开始可以先选择运动量不太大的项目,如散步、打太极拳、慢骑自行车、打乒乓球、跳绳等,待锻炼一段时间,体质增强、身体适应后,再选择运动量大的项目。

3. 运动时间安排　运动减肥最重要的是要持之以恒,每天或每两天要坚持运动,运动持续时间要达到 40 min 以上,低于 40 min 的运动无论强度大小,脂肪消耗均不明显。

(三)仪器减肥

仪器减肥是使用电子仪器达到减肥作用的一种物理疗法。常用的技术主要有电子分解、电子机械运动、射频、超声波、制冷设备等。

常见的减肥仪器主要有电离子分解渗透治疗仪、电子肌肉收缩治疗仪、抽脂按摩仪、高震按摩仪、爆脂仪、冰动力减肥仪等。

(1)电离子分解渗透治疗仪、电子肌肉收缩治疗仪通常是利用适度的输出电流,刺激肌肉收缩,加速血液和淋巴循环,促进细胞代谢,消耗多余脂肪。

(2)抽脂按摩仪是利用抽空负压力的胶杯在身体淋巴系统上活动,刺激血液及淋巴循环,增强新陈代谢,消散脂肪。

(3)高震按摩仪的作用类似于人手按摩,在做圆形按摩的同时上下震动,运动肌肉,促进血液循环,增强细胞新陈代谢,分解脂肪,达到减肥目的。

(4)爆脂仪是采用射频技术和强声波技术。射频能量能使皮下脂肪层快速升温至 60 ℃,达到引爆脂肪的作用;强声波进入人体后可使人体脂肪细胞产生强烈的撞击作用及脂肪细胞间的摩擦运动,能有效消耗热量,消耗细胞的水分,使脂肪细胞缩小,甚至细胞瞬间爆破;强声波引流技术使引爆释放的脂肪酸层剧烈震动,使表层脂肪酸随淋巴引流排出,达到减肥美体的效果。

(5)冰动力减肥仪是利用人体脂肪内的甘油三酯在特定的低温下转化成固体这一特性,通过非侵入性冷冻能量提取装置将精确控制的冷冻能量输送到指定的溶脂部位,有针对性地消除指定部位的脂肪细胞。指定部位的脂肪细胞在受冷达到特定的低温后,甘油三酯由液态转化为固态,结晶老化后开始天然的分解代谢清除过程,令脂肪层逐渐变薄,从而达到冷冻溶脂的塑身效果。

(6)热力塑减肥仪是一种非侵入性高强度聚焦超声波溶脂,超声波能量在不伤害皮肤和周围组织的情况下,自动锁定皮下脂肪层,将超声波转化为热能,破坏皮下脂肪,减少脂肪细胞数量。

(四)按摩减肥

运用各种推拿手法、穴位按摩,达到刺激经络,疏通气血,调节脏腑功能增强新陈代谢,加快脂肪代谢,减少脂肪堆积,达到减肥瘦身的作用。

三、减肥护理操作程序

(一)准备工作

软尺、体重电子秤、纸、笔、计算器、75%酒精、棉片、洁面巾、身体清洁霜、减肥膏、减肥仪器、身体膜、保鲜膜、调棒、剪刀、毛巾、浴巾、爽肤水、美体乳液。

(二)测量体重及身体围度

1. 体重 顾客着内衣或裸体站于体重电子秤上测量体重。

2. 胸围、腰围、腹围、臀围 测量方法见项目五。

3. 大腿围 在大腿的最上方,臀折线下测量。

4. 小腿围 在小腿最丰满处测量。

5. 上臂围 在肩关节与肘关节之间的中部测量。

(三)身体清洁

请顾客进行全身沐浴,或者先用温毛巾进行表层擦拭清洁,再用身体清洁霜进行清洁。清洁的方向为由内至外,由下向上。

(四)身体热疗

身体热疗是指借助减肥仪器或其他美体设施产生的热能升高体温,促进新陈代谢,增加散热,加强脂肪热能消耗,从而达到减肥、健美的目的。

根据热疗方式的不同,主要有蒸汽浴、热水浴、远红外线理疗、热蜡敷裹等。现在美容机构常用的是汗蒸法。

汗蒸是在专门建成的汗蒸房内,通过高于人体正常温度的恒温(38~42 ℃)设定,使皮肤毛孔扩张出汗,排出体内代谢废物,同时消耗体内热量,燃烧脂肪,以达到减肥的效果。

1. 汗蒸流程

(1)沐浴:引导顾客淋浴清洁身体。

(2)更衣:顾客更换宽松舒适的衣服。

(3)汗蒸:引导顾客进入已预热的蒸汽房,开始接受热疗护理。采取自然放松的姿势,眼睛微闭自然呼吸。汗蒸过程中不可用力擦拭身体,汗液可用毛巾轻拭。汗蒸过程中可适当饮水补充水分。汗蒸时间控制在 40~60 min,第一次汗蒸的顾客最好不要超过 30 min。

(4)休息:汗蒸后应休息 20 min 左右,避免因冷热交替引起的感冒。

(5)更衣:协助顾客换好衣服。

2. 汗蒸的注意事项

（1）进入汗蒸房前应淋浴，卸妆，以防止毛孔堵塞，影响体内毒素的排出。摘除身上的金属饰品，以免烫伤皮肤。

（2）不宜在过饱或空腹时汗蒸。

（3）进入汗蒸房前可先喝适量的温水。

（4）汗蒸后 6 h 内不要淋浴，2 h 内不宜吃生冷辛辣食物。

（五）减肥手法

1. 腹部减肥手法

（1）展油：顾客取仰卧位。美容师站在顾客右侧。取适量瘦身膏或瘦身精油倒于掌心，双掌互搓至温热后交替顺时针打圈涂于腹部。

（2）打圈脐周：四指并拢，在脐周旁开 3 cm，左手掌着力于腹部作顺时针打圈，右手顺势按抚。反复操作数次（图 6-2）。

（3）拿捏腹脂：四指并拢，拇指与食指间呈"V"字形，双手拇指、大鱼际、四指（用力在第二指关节处）在腹部快速用力拿捏揉脂肪。全方位拿捏腹部（图 6-3（a）、图 6-3（b））。

图 6-2　打圈脐周

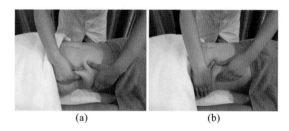

(a)　　　　　　　　(b)

图 6-3　拿捏腹脂

（4）提推燃脂：双手五指并拢，一手掌着力于一侧腰部，从腰侧往内提拉，另一手同时从另一腰侧向外推挤，双手类似扭麻花，两手交错后互换手位。反复操作数次（图 6-4（a）、图 6-4（b））。

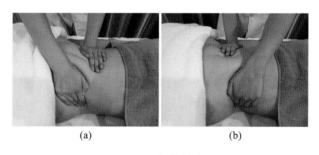

(a)　　　　　　　　(b)

图 6-4　提推燃脂

（5）提拉三线：双手交替提拉对侧腹股沟线、腰线、肋骨线，反复操作数次（图 6-5（a）～图 6-5（c））。

（6）点穴：分别点按下脘、中脘、水分、建里、天枢、大横、气海、关元、归来、水道等穴。点穴力量由轻到重，切忌用爆发力。在穴位按摩时顾客应有酸、胀、麻的感觉。腹部穴位名称及定位见表 6-1。

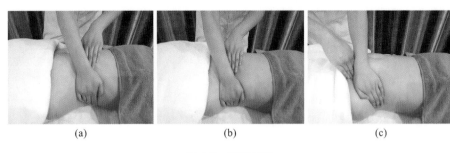

| (a) | (b) | (c) |

图 6-5 提拉三线

表 6-1 腹部穴位名称、定位

穴 位 名	归 经	定 位
下脘	任脉	前正中线上,脐上2寸
中脘	任脉	前正中线上,脐上4寸
水分	任脉	前正中线上,脐上1寸
建里	任脉	前正中线上,脐上3寸
天枢	足阳明胃经	脐中旁开2寸
大横	足太阴脾经	脐中旁开4寸
气海	任脉	前正中线上,脐下1.5寸
关元	任脉	前正中线上,脐下3寸
归来	足阳明胃经	脐下4寸,前正中线旁开2寸
水道	足阳明胃经	脐下3寸,前正中线旁开2寸

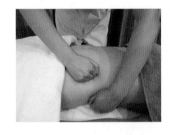

图 6-6 空拳叩敲

（7）空拳叩敲：双手在腹外侧用空拳,即半握拳的方式交替进行打、叩、敲（图 6-6）。

（8）排毒：双手交替拉抹排毒,由近侧→中间→对侧（图 6-7 (a)~图 6-7(c)）。

（9）按抚：打圈按抚腹部,擦油结束。

2. 腿部减肥手法

（1）展油：顾客取俯卧位。美容师操作左侧腿部时,站于顾客左侧,操作右侧时则站于顾客右侧。取适量瘦身膏或瘦身精油倒于掌心,双掌互搓至温热后,由脚腕处向上经小腿推至大腿根部,再从大腿两侧包回轻滑下来（图 6-8(a)、图 6-8(b)）。

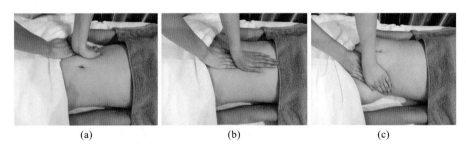

| (a) | (b) | (c) |

图 6-7 排毒

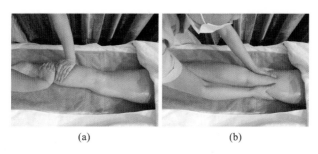

图 6-8　展油

（2）掌推腿部：双手五指并拢平伸，横位一上一下同时置于腿部，由脚腕处向上推至臀横纹处，再以掌根为轴，手指向上旋转 90°，指尖向上，手变为竖位，由两侧拉抹回脚腕处，上强下弱。反复操作数次（图 6-9(a)、图 6-9(b)）。

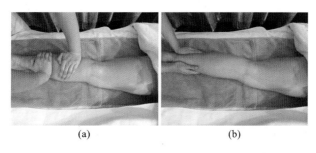

图 6-9　掌推腿部

（3）推压腿部：双手横位，掌根置于腿中部，指尖向腿两侧，分别用力向腿两侧推压（图6-10）。

（4）拉抹腿部：双手掌交替将腿部肌肉拉向中线，重复数次后，双手重叠置于中线，再用力向下按压（图 6-11(a)、图 6-11(b)）。

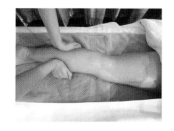

图 6-10　推压腿部

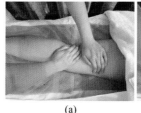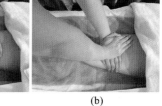

图 6-11　拉抹腿部

（5）揉搓腿部：双手虎口打开，横握腿部，一手虎口张开全掌着力向前推，另一手虎口张开向回拉，双手交替反复揉搓。如此重复操作数次（图 6-12(a)、图 6-12(b)）。

（6）掌叩腿部：双手指微屈，掌心向下，空掌以腕关节的屈伸交替叩击腿部（图 6-13）。

（7）腿部排毒 1：双手四指朝上从脚踝中间、内侧、外侧分别向上交替轻推至腹股沟淋巴结，平包轻滑下来，重复操作一次（图 6-14(a)、图 6-14(b)）。

（8）腿部排毒 2：双手虎口前后平放，四指服帖在腿部两侧，向上推至腹股沟，平包轻滑下来，重复操作一次（图 6-15(a)、图 6-15(b)）。

（9）点穴：点按承扶、殷门、委中、伏兔、血海、梁丘、髀关、足三里、丰隆、承山、阴陵泉、三阴交等穴。腿部穴位名称、定位见表 6-2。点穴力度遵循轻—重—轻，切忌用爆发力。在穴位

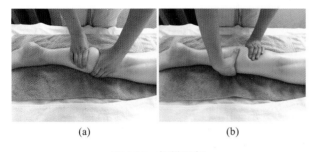

(a)   (b)

图 6-12　揉搓腿部

图 6-13　掌叩腿部

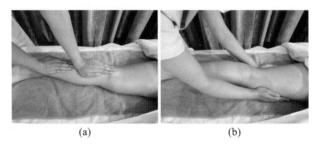

(a)   (b)

图 6-14　腿部排毒 1

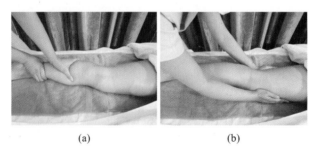

(a)   (b)

图 6-15　腿部排毒 2

按摩时顾客应有酸、胀、麻的感觉。

表 6-2　腿部穴位名称、定位

穴 位 名	归 经	定 位
承扶	足太阳膀胱经	臀横纹中点
殷门	足太阳膀胱经	承扶穴与委中穴连线上，承扶穴下 6 寸
委中	足太阳膀胱经	腘横纹中央
伏兔	足阳明胃经	髂前上棘与髌骨外缘连线上，髌骨外上缘上 6 寸
血海	足太阴脾经	髌骨内上缘上 2 寸
梁丘	足阳明胃经	髂前上棘与髌骨外缘连线上，髌骨外上缘上 2 寸
髀关	足阳明胃经	髂前上棘与髌骨外缘连线上，平臀沟处
足三里	足阳明胃经	犊鼻穴下 3 寸，胫骨前缘外一横指处
丰隆	足阳明胃经	外踝高点上 8 寸，条口穴外开 1 寸
承山	足太阳膀胱经	腓肠肌两肌腹之间凹陷的顶端

续表

穴 位 名	归 经	定 位
阴陵泉	足太阴脾经	胫骨内侧髁下缘凹陷处
三阴交	足太阴脾经	内踝高点上3寸,胫骨内侧面后缘

（六）敷身体膜

以腹部减肥为例。

1. 敷膜

（1）先用瘦身膏涂抹,然后将身体膜均匀涂抹于腹部,涂敷方向由外向内,由下向上,避开肚脐处。

（2）引导顾客深吸气,将保鲜膜服帖地包裹于腹部,包裹3～4层。

（3）使用热毛巾热敷或远红外线瘦身,太空舱加热。

2. 取膜

（1）30～40 min后取膜。取下保鲜膜,先将手指插入保鲜膜与皮肤的间隙中,再用剪刀从手指上侧滑过,以免划伤顾客的皮肤。

（2）清洁。将身体膜清洁干净,擦拭结束。

（七）评价减肥效果

再次测量体重、身体围度,对数据进行前后比较分析、评价,并请顾客对减肥效果自评(表6-3)。

表 6-3　减肥效果评价表

档案号:　　　　　　姓名:　　　　　　身高(cm):

日期	次数	减肥操作前数据(cm)								
		体重	脂肪率	胸围	腰围	腹围	臀围	大腿围	小腿围	上臂围
		减肥操作后数据(cm)								
		体重	脂肪率	胸围	腰围	腹围	臀围	大腿围	小腿围	上臂围
美容师数据分析										
顾客满意度		□满意 □一般 □较差	□满意 □一般 □较差	□满意 □一般 □较差	□满意 □一般 □较差	□满意 □一般 □较差	□满意 □一般 □较差	□满意 □一般 □较差	□满意 □一般 □较差	□满意 □一般 □较差

（八）整理工作

1. 整理用品用具　检查产品的瓶盖是否盖好,使其密闭保存。清洁工具、器皿并及时消毒。

2. 整理仪器　切断仪器电源,并进行清洁消毒及养护。

3. 整理美容室　整理美容床及周围环境。换上干净的床单、毛巾。

四、减肥的注意事项

（1）有高血压、心脏病、糖尿病等疾病患者，局部有严重皮肤损伤及皮肤病患者，皆不适宜做减肥按摩。

（2）女性生理期及孕期避免做减肥项目。对减肥效果期望值过大的顾客忌做。

（3）过饥或过饱皆不宜按摩。

（4）继发性肥胖患者早期应以治疗为主。

本项目重点提示

（1）肥胖分为单纯性肥胖和继发性肥胖，减肥项目主要针对单纯性肥胖者。根据肥胖度、脂肪百分率、BMI、身体围度等对顾客发育及胖瘦程度进行判断。

（2）常见的减肥方法主要有饮食减肥、运动减肥、仪器减肥、按摩减肥。采用仪器减肥、按摩减肥需联合饮食减肥、运动减肥方可取得较好的效果且需长久坚持。

（3）减肥护理操作程序包括准备工作、测量体重及身体围度、身体清洁、身体热疗、减肥手法、敷身体膜、评价减肥效果、整理工作。按摩手法要求力度服帖，力达深层，学会用身体力度的技巧；点穴准确，力度遵循轻—重—轻，切忌用爆发力。

能力检测

一、选择题

1. 一般认为体重超过标准体重的（　　）以上为肥胖。

A. 10％　　　　　　B. 20％　　　　　　C. 30％　　　　　　D. 15％

2. 女性肥胖者，脂肪多积聚在腹部、（　　）、臀部。

A. 头颈、乳房　　　B. 乳房、大腿　　　C. 背脊、大腿　　　D. 头颈、大腿

3. 腹围是经（　　）的水平围长。

A. 腰部最细处　　　B. 左右腋窝后点　　　C. 髂嵴点　　　D. 脐部中心

4. （　　）的顾客不宜做腹部减肥护理。

A. 经期　　　　　　B. 哺乳期　　　　　　C. 青春期　　　　　　D. 更年期

5. 按摩手法中对点穴的力度要求是（　　）。

A. 持续沉重，力达深层　　　　　　B. 由轻到重，持续深透

C. 柔和轻浮　　　　　　　　　　　D. 使用爆发力

二、简答题

常用减肥仪器的原理是什么？

（王　艳　梁超兰）

项目七　肩颈部护理

1. 掌握肩颈部护理的操作方法及要求,具备为顾客设计肩颈部护理方案的能力。
2. 熟悉肩颈部解剖结构,影响肩颈部衰老的因素及肩颈部护理注意事项。
3. 了解肩颈部护理的常用方法。

项 目 描 述

本项目主要介绍肩颈部的解剖结构、理想肩颈部的特征、影响肩颈部衰老的因素、肩颈部护理的常用方法,以及肩颈部护理操作程序和注意事项。学生通过本项目的学习,能够了解如何护理肩颈部,预防肩颈部问题的产生,掌握肩颈部护理的操作程序,具备为顾客设计肩颈部护理方案的能力。

案例引导

李某,女,35岁,教师,因经常伏案工作,缺乏运动,出现肩颈部酸痛、僵硬、睡眠不佳、怕冷、手足冰凉、脸颊长痘痘等问题,备受困扰。

问题:

1. 请你向顾客介绍这些肩颈部问题形成的原因和肩颈部护理的方法。

2. 作为美容师,你认为应该为这位顾客做什么护理项目?有哪些注意事项?

一、肩颈部护理概述

(一)解剖结构

要为顾客提供正确而科学的肩颈部护理,必须了解肩颈部解剖结构与功能。

颈椎有七节,其神经连接头面部,是脊柱中容易受伤、最没有安全感的部位。颈椎有两条大动脉,是气血供应的主要通道(图7-1(a)、图7-1(b))。

1. 胸锁乳突肌

(1)起点:乳突的外侧面和枕骨上项线外侧的二分之一。

(2)止点:胸骨头-胸骨柄前表面。锁骨头-锁骨前表面的内三分之一。

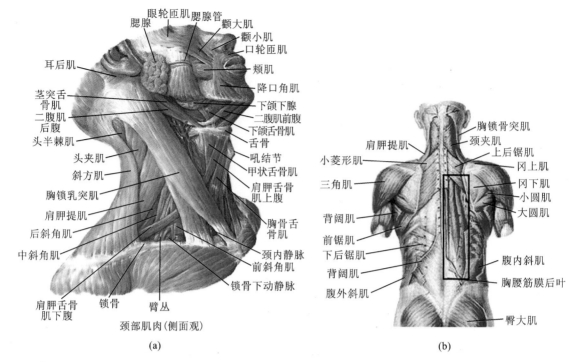

图 7-1 肩颈部解剖结构

（3）作用：一侧收缩使头后仰，两侧收缩使头向同侧倾斜脸转向对侧。胸锁乳突肌是引起各种头痛的激发点常见部位。所有自诉头痛的人都应该仔细检查胸锁乳突肌。

2．颈夹肌

（1）起点：前两个或前三个颈椎横突的背面。

（2）止点：第 3～6 胸椎棘突。

（3）作用：伸展颈部并使头向同侧转动。

3．冈上肌

（1）起点：肩胛骨的冈上窝。

（2）止点：肱骨大结节的上部。

（3）作用：外展肩关节，同时是三角肌的重要协同肌。

4．冈下肌

（1）起点：肩胛骨的冈下窝。

（2）止点：肱骨大结节的后中部。

（3）作用：冈下肌是肱骨外旋肌和冈上肌、小圆肌、肩胛下肌共同固定肱骨头于肩胛骨关节盂。

5．三角肌

（1）起点：锁骨外方。

（2）止点：肱骨三角肌粗隆。

（3）作用：主要使肩关节外展。其前部肌纤维收缩使肩关节前屈并略旋内；后部肌纤维收缩可使肩关节后伸并略旋外。

（二）理想肩颈部的特征

肩颈部是人体的十字路口，毒素首先堆积的地方就是肩颈部。肩颈部僵硬就会影响生长激素的分泌,导致内分泌失调,提前进入衰老期,因此是最容易泄露年龄的部位。

理想肩颈部的皮肤应该是饱满、圆润、柔软的,肩颈部看起来左右对称、线条流畅,无明显瘢痕和色素沉着,肤色均匀且厚薄适中(图 7-2(a)、图 7-2(b))。

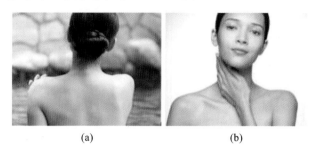

(a)   (b)

图 7-2　理想肩颈部

（三）影响肩颈部衰老的因素

1. 生理因素　肩颈部皮肤薄而细腻,皮下脂肪较少,随着年龄的增加,颈部皮肤容易松弛,出现皱纹。

2. 外部因素

（1）紫外线:由于颈部肌肤较薄,对于紫外线的照射没有防御能力。紫外线会让真皮胶原蛋白变形,除了造成皮肤松弛和干燥外,还会变黑和产生色斑。

（2）水分:部分人喜欢将香水喷于颈部,当酒精挥发时,颈部皮肤里的水分也同时蒸发,加速了肩颈部皮肤的干燥。

（3）不良的生活习惯:长期单手托腮会令颈部向一个方向偏斜,容易产生皱纹;垫高枕头睡觉,常使颈部处于弯曲状态,也容易产生颈纹;低头族容易导致血液和淋巴循环阻滞,产生肩颈部酸痛的同时还会造成新陈代谢低下,也是颈部皮肤干燥的原因之一。

二、肩颈部护理常用方法

颈部的肌肤比较细腻,也是最容易被忽略的部位,一些不良习惯往往给颈部皮肤带来伤害。颈部护理分为日常护理和专业护理两个部分。

（一）日常护理

（1）在清洁、洗浴后,坚持涂抹颈霜或营养霜。

（2）经常做颈部按摩,促进血液循环,增强皮肤弹性。

（3）注意防晒,无论春、夏、秋、冬,外出时都要涂抹防晒霜,以保护肩颈部。

（4）高热环境工作后,要及时清除汗液,保持清洁。

（5）注意保暖。寒冷季节,皮肤干燥,血液循环差,外出时要做好防护工作,保护肩颈部。

（6）多做颈部保健运动,不仅能强健颈肌和颈椎,还能预防皮肤松弛、老化,减少皮下脂肪堆积。

▌**知识拓展** ▌

肩颈部保养小窍门

1. 颈部保养

第一步:不要长期处于低头状态。如埋头伏案,一边用脖子夹着电话一边用手记录

东西等,这些习惯会让颈部皮肤处于折叠状态,久而久之,皮肤松弛,容易形成皱纹。

第二步:多做颈部按摩。脖子向后微微仰起,双手中指与食指并拢,手稍稍用力,从下往上,将颈部皮肤向上推送,重复做,持续 5 min 左右。

第三步:适当使用颈霜。可以购买专门用于颈部肌肤护理的颈霜,每次洁面后,取适量涂抹于颈部,轻轻拍打,使肌肤充分吸收。然后按照第二点中提到的手法进行轻柔地按摩,最好能选用具有抗皱效果的护肤品。

2. 肩部保养

第一步:将右手掌心置于左肩上方,自上而下摩动,再将左手掌心置于右肩上方,交替摩动 50 次,此方法具有通经活络、防止肩关节炎、凝结肩的作用。

第二步:拇指和其余四指分开,置于肩部三角肌处,向上提起 15 次。此方法具有剥离粘连、补气补血的作用。

第三步:手握空拳,在肩部和手腕部通过手臂来回叩击 30 次。这种方法具有疏通气血、消除疲劳的作用。

(二)专业护理

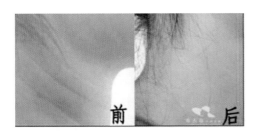

图 7-3 颈部激光磨削前后

1. 激光磨削 一般来说,皮肤粗糙或细小的颈纹都是激光磨削可以解决的,激光磨削可精确地控制和去除目标组织的深度,完成精细的除皱,刺激皮肤弹力纤维,使皮肤收紧,从而使浅表皱纹消失(图 7-3)。

2. 胶原蛋白注射 从前颈纹注射具有除皱效果的胶原蛋白注射液,使胶原蛋白即刻发挥作用,填充皱纹。

三、肩颈部护理操作程序

(一)准备工作

1. 操作者准备

(1)美容师准备:个人仪容仪表符合要求,戴口罩,清洁双手并保持温暖。

(2)用物准备:床单、毛巾、保鲜膜、剪刀、酒精、棉片、调膜碗 1 套、清洁乳、按摩膏、精华液、颈膜、身体乳等。

(3)仪器准备:超声波导入仪。

(4)环境准备:柔和的灯光、舒缓的音乐、舒适的环境、适宜的温度。

2. 顾客准备

(1)顾客身体准备:协助顾客更换衣物,保管好随身携带的物品,及时安置顾客。

(2)顾客心理准备:操作前告知顾客护理步骤、时间、方法等,使顾客了解整个护理过程,做好心理准备。

(二)清洁

协助顾客进行沐浴,着浴衣进入护理间并安顿顾客平卧于美容床。

（三）按摩手法及要求

1. 按摩手法　见项目四肩颈部按摩操作手法。

2. 手法要求

（1）持久：操作手法要按规定的技术要求和操作规范持续作用。

（2）有力：手法刺激必须具有一定的力度，所谓"力"不是指单纯的力量，而是一种功力或技巧力。

（3）均匀：手法动作的幅度、速度和力量必须保持一致，既平稳又有节奏。

（4）柔和：动作要稳、柔、灵活，用力要缓和，力度要适宜，使手法轻而不浮，重而不滞。

（5）渗透：手法作用于体表，其刺激能透达深层筋脉、骨肉甚至脏腑。

（四）精华液导入

取适量精华液涂抹于颈部，再用超声波导入仪贴合顾客皮肤，自下而上，顺着皮肤纹理慢慢地在颈部皮肤上移动，使精华液充分渗透。

（五）敷颈膜

1. 调膜　将颈膜调至稠稀适宜。

2. 敷膜　用调棒均匀地将颈膜自上而下展开，速度不宜过慢，保持膜面光滑平整。

3. 卸膜　静待 15～20 min 后取掉，用清水擦拭干净。

（六）涂抹营养霜（图 7-4(a)、图 7-4(b)）

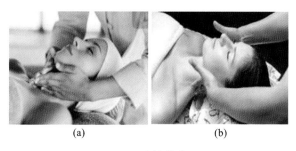

(a)　　　　　　　　(b)

图 7-4　涂抹营养霜

（七）后续工作

协助顾客起身，穿衣，送顾客至休息处，整理床位，清洁消毒用品、用具。结束工作要认真细致。

四、肩颈部护理的注意事项

（1）护理结束后避免阳光暴晒，以免晒伤皮肤。

（2）护理后皮肤毛孔张开，要注意保暖，4～6 h 内禁止洗澡。

（3）护理后新陈代谢加快，要多喝热水，促进代谢产物的排出。

（4）护理后禁止吹冷风、进食生冷刺激食物，避免受凉。

（5）护理后禁止剧烈运动，汗出当风。

本项目重点提示

（1）影响肩颈部衰老的因素、肩颈部护理的常用方法。

身体护理技术 ········· ▪ 90 ▪

（2）肩颈部护理操作流程包括准备工作、肩颈部清洁、肩颈部按摩、精华液导入、敷颈膜、涂抹营养霜、后续工作。

（3）肩颈部护理的注意事项。

能力检测

一、选择题

1. 下列哪项不是敷颈膜的正确做法？（   ）

A. 将颈膜调至稠稀适宜　　　　　　B. 自上而下展开

C. 速度宜慢　　　　　　　　　　　D. 保持膜面光滑平整

2. 下列哪项不是影响肩颈部衰老的外部因素？（   ）

A. 肩颈部皮肤薄而细腻，皮下脂肪较少　B. 紫外线

C. 水分　　　　　　　　　　　　　D. 不良的生活习惯

二、问答题

1. 肩颈部的操作程序有哪些？

2. 肩颈部护理适合什么样的人群？

3. 肩颈部护理有哪些注意事项？

三、案例分析题

王某，女，40岁，因工作关系，需长时间使用电脑，导致肩颈部肌肉僵硬、酸痛，肩膀活动受限，头顶及头两侧胀痛；伴有上肢麻木，睡眠质量差，顾客备受困扰。

请你结合顾客需求设计肩颈部护理方案。

（陈　娟）

项目八　手臂护理

学习目标

1. 掌握手臂护理的作用、操作手法及手部反射区定位。能根据顾客手臂情况选择合适的护理方法。

2. 熟悉理想手的特征、影响手衰老的因素及手部反射区按摩的作用。

3. 了解手臂解剖结构。

项目描述

本项目主要介绍手臂解剖结构、理想手的特征、影响手衰老的因素、手臂护理的作用、手掌与手背反射区定位及按摩作用,手臂日常护理和专业护理方法及护理注意事项。学生通过本项目的学习,具备对顾客手臂进行分析及选择合适护理方法的能力,完成手臂专业护理操作,并指导顾客正确的居家护理方法。

案例引导

张某,女,40岁,公司职员,经常用电脑工作。自诉手臂容易疲劳酸痛,尤其是肩部,夏天开空调时症状加重,手部皮肤也比较干燥。想通过美容护理改善症状。

问题:

1. 如何正确分析张某的手臂症状?

2. 张某的手臂目前存在哪些问题?

3. 请为张某制定科学的手臂护理计划,为其进行专业手臂护理。

一、手臂护理概述

了解手臂的解剖特点和功能,有助于掌握科学的护理技术,从而为顾客选择最佳的手臂护理方法。

(一)解剖结构

1. 手臂的骨骼　在人体的206块骨头中,上肢骨有32块(图8-1)。可见手臂在人体构造中是细微而复杂的一部分。手臂的骨骼有:

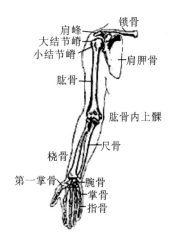

图 8-1　手臂骨骼解剖图

（1）肢带骨：包括锁骨和肩胛骨。

（2）肱骨：位于上肢的近侧，为长骨。

（3）尺骨：位于前臂的内侧，分为体和上、下两端。

（4）桡骨：位于前臂的外侧，分为体和上、下两端。

（5）腕骨：属短骨，8 块，排成两列。

（6）掌骨：第 1～5 掌骨，均可分为底、体、头。

（7）指骨：有 14 块，分为近节指骨、中间指骨和远节指骨。

2. 手臂的肌肉

（1）肩肌：包围和运动肩关节肌肉的总称。主要有三角肌，该肌从前、后、外三面包围肩关节，形成肩部的圆形隆起，作用是外展肩关节（图 8-2）。

（2）臂肌：分布在肱骨周围，主要有屈前臂的肱二头肌和伸前臂的肱三头肌。

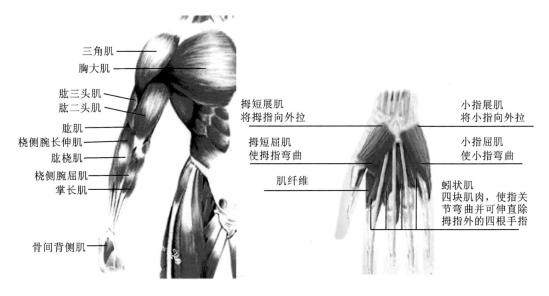

图 8-2　手臂肌肉

（3）前臂肌：是分布在尺骨和桡骨周围的肌群。分前、后两群。前群肌收缩时可完成屈腕、屈指和前臂旋前运动（手背转向前）；后群肌收缩时可完成伸腕、伸指和前臂旋后运动（手背转向后）。

（4）手肌：是位于手掌的小肌。手指的运动最为灵巧多样，除一般的屈伸、内收和外展运动外，还有对掌运动。手肌分为：

①外侧群：大鱼际肌，主要作用是使拇指作屈、内敛、外展、对掌运动。

②中间群：掌中肌，包括位于掌心的蚓状肌和位于掌骨之间的骨间肌。蚓状肌的主要作用是屈掌指关节，伸指关节。骨间肌的主要作用是使 2、3、4 手指作内敛、外展。

③内侧群：小鱼际肌，主要作用是使小指展、屈。

（二）理想手的特征

手在人体美中占有举足轻重的地位，若得不到恰当的护理，双手会比面部更容易衰老。

理想手应该是丰满、修长、流畅、细腻、光洁(指甲)的。理想手可以显示人体的健康状况(表8-1、图8-3)。

表 8-1 理想手的特征

类　别	理　想　特　征
皮肤	白皙、润泽,无瘢痕或痣,无斑点或色素沉着
汗毛	不明显
手形	修长,手部骨节大小适中
手掌	不能太宽
手指	又长又直,有骨感或肉感
手部	线条柔美
指甲	光滑、亮泽、圆润、饱满,呈粉红色,表面无斑点、凹凸及纵横纹,平滑的弧形,坚实而富有弹性

图 8-3 理想手的特征

(三)影响手衰老的因素

影响手衰老的因素有外因和内因(表8-2)。

表 8-2 影响手衰老的因素

原　因		导　致　后　果
外因	紫外线	形成黑斑、皱纹甚至皮肤癌
	水	洗手频繁,带走了双手皮肤内的水分,油脂分泌减少,干燥、粗糙
	碱性清洁品	破坏皮肤表面的酸性保护膜,使皮肤干燥、缺水,手容易皲裂、老化
内因	年龄	随着年龄的增长,手会表现得瘦骨嶙峋,血管明显
	性别	雄激素能使脂肪组织加厚,但女性40岁后,手的皮下脂肪只有男性的一半

(四)手臂护理的作用

(1)清洁皮肤深层的污垢,软化角质层。

(2)促进肌肤的新陈代谢,加快血液循环,放松手臂肌肉,消除疲劳。

(3)充分运动手臂,使关节灵活。

(4)营养滋润手臂皮肤,使肌肤富有弹性、光滑,延缓衰老。

(5)坚持护理可有效淡化黑色素,使手臂皮肤颜色均匀,滑爽嫩白。

(五)手部反射区

所谓反射区,指的是神经聚集点,每一点都和身体各器官相关。所以,反射区的按摩是根据反射区原理,通过按摩手法刺激神经,进而达到调理身体各器官的作用(图8-4(a)、图8-4(b))。

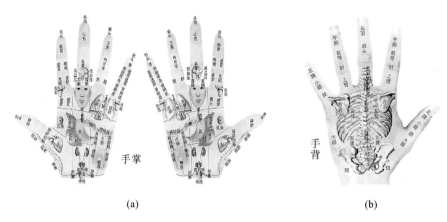

(a)
(b)

图 8-4　手部反射区

1. 手掌反射区按摩的作用

（1）头部反射区：调理头疼、头晕。

（2）头面部反射区：调理头面部问题。

（3）颈咽反射区：调理咽喉症状。

（4）脊柱反射区：调理腰背酸痛。

（5）肩反射区：调理颈椎症状、肩周炎等。

（6）心反射区：增强循环系统功能，调理心律不齐、胸痛、胸闷等。

（7）呼吸系统反射区：增强呼吸系统功能，调理感冒、气管炎等。

（8）乳房反射区：预防乳房疾病。

（9）肝反射区：调理肝脏，缓解胸痛，治疗过敏性疾病。

（10）消化系统反射区：治疗消化系统疾病，如慢性胃炎、便秘、腹泻、胃痉挛、急性胃痛。

（11）泌尿系统反射区：治疗胃痛、泌尿系统疾病和生殖系统疾病。

（12）生殖系统反射区：增强生殖功能，调理阳痿、性冷淡等。

（13）血压反射区：平衡血压。

2. 手背反射区按摩的作用

（1）腰腿反射区：调理腰腿疼痛等。

（2）脊椎反射区：调理颈椎病。

（3）颈肩反射区：调理颈、肩部不适。

二、手臂护理常用方法

手臂美是人体美的重要组成部分。除面部以外，手臂比身体其他部位暴露在外的时间长，因此，手臂比身体其他部位更能体现年龄和职业特征。面部可以借助化妆，甚至用整容的手段遮盖缺陷，而手臂皮肤的缺陷很难掩饰。所以，对手臂皮肤进行护理是非常必要的。坚持护理可以延缓手臂皮肤衰老，使之光滑细嫩、洁白秀美。护理方法包括日常护理和专业护理。

（一）日常护理

（1）保持手的清洁，养成勤洗手的习惯，用含滋润成分的洗手液代替肥皂。洗手后立即涂抹护手霜。

（2）接触刺激皮肤的物品时，如洗衣粉、洗涤剂等，要戴上橡皮手套，保护皮肤，免受损害。

（3）每天临睡前涂护手霜，并做适当按摩。

（4）经常修剪指甲，保持清洁。

（5）注意保暖。寒冷季节，皮肤干燥，血液循环差，外出时要注意戴上手套，保护双手。

（6）注意防晒。无论春、夏、秋、冬，外出时都要涂抹防晒霜，以保护双手。一般冬天 SPF（防晒系数）8～10 已足够，而夏季则需 SPF15 或以上。

（7）坚持手部运动。可以做手部操，使手保持弹性、灵活性和协调性。

▌**知识拓展** ▌

手部锻炼方法

（1）转腕关节：手掌向下，弯曲手指，形成一个松松的拳头，向内向外转动手腕。

（2）甩腕关节：手掌向下，弯曲手指，形成一个松松的拳头，向下向外甩手腕，锻炼手腕灵活度。

（3）压腕关节：两手掌手心相向，如同祈祷时的动作，将两手掌按压在一起，同时相对用力。仍保持该动作，向左再向右推动手掌。此方法锻炼手腕。

（4）压指关节：五指打开，两手掌手心相向，如同祈祷时的动作，将两手掌指按压在一起，同时相对用力。仍保持该动作，向左再向右推动手掌指。此方法锻炼手指。

（5）抛球动作：双臂屈曲，紧贴身体，手指紧握，然后张开，让手掌和手指伸展到极限。

（6）按摩手指：螺旋打圈、推、侧揉、牵拉手指，改善末梢循环，灵活指关节。

（7）弹钢琴：做弹钢琴动作，灵活手指。

以上动作重复 10 次以上，坚持每天训练。

（二）专业护理

手臂除了日常护理以外，每周应做 1～2 次专业护理。针对顾客需求可以选择做手臂按摩、手膜护理等。

1. 手臂按摩护理

（1）手臂按摩的目的：除了有针对性地按摩手部反射区，调理身体以外，还可以进行手臂按摩。按摩能加快血液循环，使毛孔张开，促进皮肤对营养物质的吸收，使皮肤光洁、润泽、有弹性，防止皮肤老化；能松弛肌肉及神经，消除疲劳，促进新陈代谢。

（2）手臂按摩方法：详见项目四"上肢按摩"。

2. 保湿泥膜护理 冬天皮肤容易干燥脱皮，手臂在去角质深层清洁后，涂抹一层薄薄的成品泥膜，再包上保鲜膜，加温保暖，促进营养成分的吸收。停留 15～20 min 后，清洁干净，涂抹护手霜或护手液。

3. 深层美白护理 该项目适合手臂肤色黑黄，有色素沉着的人群。能有效淡化黑色素，使手臂皮肤颜色均匀，滑爽嫩白，并能增加皮肤的弹性。手的老化非常快，在这一过程中手背会出现褐色斑块。使用美白产品只能起到淡化作用。常选择成品膜粉，加水调成黏稠膏状，敷在手上停留 10～15 min，之后在含有油脂清洁剂的温水中洗净双手，将双手擦干，涂抹护手霜或护手液。

4. 蜡膜护理 适合手臂皮肤粗糙无光泽、干燥脱屑和需要日常保养的人群。蜡膜可以保持双手的温度，加速血液循环，促进营养充分渗透、吸收，使手部光滑细嫩。对皮肤脱屑及干裂有很好的预防和治疗作用。

三、手臂护理操作程序

（一）准备工作

1. 美容师准备　个人仪容仪表符合要求，戴口罩，清洁双手并保持温暖。

2. 用物准备　护理车、护理床、准备毛巾、床单、浴巾或浴袍、被子、弯盘、镊子、盛放消毒棉的容器、膜碗、刷子、清洁盆、洁面巾、纸巾、清洁乳、去角质霜或去角质膏、按摩膏、身体膜（泥膜或者蜡膜）、保鲜膜、身体乳（图8-5）。

3. 环境准备　温度适宜、灯光柔和，柔美的背景音乐等。

4. 顾客准备　及时安置顾客。操作前告诉顾客护理步骤、护理时间、护理方法等，提前让顾客了解整个护理过程，做好心理准备。

（二）清洁

（1）使用清洁乳清洁手臂皮肤。美容师将清洁乳以双包、单包形式推拉涂抹于顾客手臂上，一手托住顾客手臂，另一手以手指打圈的方式清洁皮肤，重复上述动作，彻底清洁皮肤。

（2）用面巾纸，以拉抹形式，将清洁乳洗干净（图8-6）。

图8-5　手臂护理用物

图8-6　手臂清洁

（三）脱屑

（1）用去死皮霜或去死皮膏对手臂皮肤进行脱屑。左手托住顾客手臂，右手美容指将去死皮霜分点涂抹于皮肤上，四指以打圈的方式进行脱屑，由上至下，再由手背至手指。着重对手臂外侧进行打圈脱屑（图8-7(a)、图8-7(b)）。

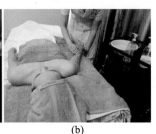

(a)　　　　　　　　　　(b)

图8-7　手臂脱屑

（2）用面巾纸将去死皮霜擦拭干净。

（四）按摩手法

按摩手法同项目四的上肢按摩（图8-8）。

（五）敷手膜

1. 敷手膜 取适量手膜，用刷子将手膜均匀地涂抹于手臂上（图8-9）。

2. 保温 用保鲜膜将手臂包好，保持15～20 min（图8-10）。

图 8-8　手臂按摩　　　　　　图 8-9　涂手膜　　　　　　图 8-10　上保鲜膜

3. 清洁 取下保鲜膜，用面巾纸将手膜清洁干净。

4. 润肤 涂润肤乳，滋润皮肤。

（六）整理工作

1. 整理用品用具 拧紧产品的瓶盖，使其密闭保存。洗净擦干工具、器皿，并及时彻底消毒。

2. 仪器养护 切断仪器电源，并进行清洁消毒及养护。

3. 整理美容室 整理美容床及周围环境，换上干净的床单、毛巾。

四、手臂护理的注意事项

（1）注意保暖。

（2）手部保持清洁，养成勤洗手的习惯。

（3）注意防晒，根据季节选择合适的防晒霜。

（4）护理前根据顾客皮肤及手臂症状选择合适的护理产品。

（5）按摩过程中，定位准确，手法要服帖，速度、力度适中，有韵律。

（6）使用蜡膜时要注意温度，避免烫伤顾客或自己。

本项目重点提示

（1）手臂解剖结构、理想手的特点、影响手衰老的因素、手臂护理的作用。

（2）手部反射区定位及反射区按摩的作用。

（3）手臂日常护理方法和专业护理方法。

（4）手臂护理操作程序包括：准备工作、清洁、脱屑、按摩手法、敷手膜、整理工作。按摩手法要求力度服帖，力达深层，学会用身体力量和技巧；点穴准确，力度应轻—重—轻，切忌用爆发力。

（5）手臂护理的注意事项。

能力检测

一、选择题

1. 下列选项不属于手臂护理作用的是（　　　）。

A. 使关节灵活

B. 皮肤不衰老

C. 清洁皮肤深层的污垢

D. 促进血液循环及新陈代谢

2. 汪女士,家庭主妇,由于经常做家务,手臂皮肤干燥、粗糙脱屑,手部冰凉,有冻手习惯。美容院护理方法不正确的是(   )。

A. 坚持上肢按摩   B. 坚持去角质   C. 坚持牛奶泡手   D. 涂手膜护理

3. 关于理想手的特征,下列说法不正确的是(   )。

A. 皮肤:白皙

B. 手型:手指修长

C. 指甲:圆润、饱满,呈红色

D. 指甲:圆润、饱满,呈粉红色

4. 下列选项不属于影响手衰老的因素是(   )。

A. 洗手频繁   B. 紫外线照射时间过长

C. 使用碱性清洁品   D. 每天涂抹护手霜

二、问答题

1. 简述理想手的特征。

2. 影响手衰老的因素有哪些?

3. 手臂护理的作用包括哪些?

4. 简述手臂护理的注意事项。

三、案例分析题

李某,女,48岁,医院传染科护士,自诉:手部皮肤干燥粗糙,上臂经常酸痛,近期手臂抬起吃力。查体:手部皮肤粗糙,有皱纹,抬臂困难,捏按上臂顾客感觉舒服。

请结合顾客需求制定手臂护理方案。

(梁超兰   陈丽君   秦晓瑞)

项目九　足部护理

学习目标

1. 掌握足部反射区定位及功效、足部护理方法、足部护理操作程序及注意事项。
2. 熟悉足部护理的定义、原理及作用。
3. 能对顾客进行足部健康分析并进行专业的护理。

项 目 描 述

　　本项目主要介绍足部护理的定义、原理及作用,足部反射区定位及功效,足部护理的方法、操作程序及注意事项。学生通过本项目的学习,具备对顾客足部进行分析及选择合适护理方法的能力,能完成足部护理操作,指导顾客正确的居家护理方法。

案例引导

　　张某,男,40岁,公司职员,常年穿皮鞋。自述足部容易出汗,夏天经常出现瘙痒且气味重。想通过足部护理改善症状。

　　问题:

　　1. 张某的足部存在哪些问题?

　　2. 请为张某制定科学的足部护理计划,并为张某进行专业足部护理。

一、足部护理概述

(一) 定义

　　足部护理是依据足部反射区所反映的病理现象,运用足浴、足部按摩等方法加以刺激,通过经络、神经、体液的传达,使内脏产生普遍性或全身性的自动调节作用,以期达到阴阳平衡、气血顺畅,生理机能恢复到健康状态的一种操作方法。

(二) 原理

　　通过对足部的刺激,促进局部血液循环,维持阴阳平衡,加快新陈代谢,通过经络传导、神经反射、体液调节,改善自身组织器官的生理功能,增强机体的免疫力,从而达到防病治病的目的。

1. 中医经络学说 人体经络起始或终止点都与特定脏腑相连,主管特定功能。足部有60～70个穴位,并且与人体经络相通,通过对穴位的刺激,由经络传递到各器官,起到补益、疗疾、强身和健体等作用。

2. 血液循环学说 足部肌肉较厚,毛细血管密集,神经末梢丰富,结构复杂。按摩足底反射区后,足底的温度升高,血管扩张,血液流速加快,使血液循环得以改善。同时,按摩缓解局部肌肉紧张,使骨骼肌肉放松,有助于血液回流,减轻心脏负担,加强新陈代谢,使足部真正起到了"第二心脏"的作用。

3. 神经应激学说 足部刺激还可以通过下丘脑调节人的精神、睡眠、性功能、体温和进食活动,调节心血管和内脏等自主神经的功能。通过分泌腺,调动机体的免疫和抗病功能,收到保健和治病的效果。

4. 心理治疗学说 足部刺激,也能直接改善大脑皮层的血液循环及供氧状况,使左右大脑相互协调,头脑清醒,提高工作和学习效率,预防和治愈疾病。足疗能使身体放松,消除疲劳,有利于睡眠,减轻紧张症。

（三）作用

1. 促进血液循环 通过对足部护理刺激,使足部的血液循环通畅,将足部积存的代谢产物运到肾脏处理后排出体外。由于双足处于距心脏最远的一端,改善双足的血液循环,将使全身的血液循环处于良好状态。

2. 调节各脏腑器官的功能 刺激足部反射区,通过神经反射作用,能调整其对应的脏腑器官的功能,延缓这些脏腑器官的衰老过程,使处于紊乱失衡状态的脏器功能转为正常。

3. 增强内分泌系统功能 刺激足部反射区,能有效地调节内分泌腺的功能。内分泌腺分泌的激素通过血液循环到达人体各个部位。因此足部护理可对全身产生广泛而持久的作用。

4. 提高自我防御能力 人体具备一定的自我防御能力,但如果免疫系统功能存在着缺陷或者由于衰老而降低了自身的抗病能力,就很容易患病。足部按摩疗法能改善免疫系统功能,对免疫功能低下或变态反应性疾病均有较好的治疗效果。

5. 消除疲劳紧张状态 顾客接受足疗后,一般能有良好的睡眠和食欲,大小便通畅,许多临床症状缓解,精神焕发,身心愉悦,对保健或养病都大有裨益。

6. 滋润及营养肌肤 在进行足部护理过程中,足浴、中药、按摩及润肤乳,对肌肤具有滋润、营养、健美功效。

（四）足部反射区定位及功效

足部反射区对应着脏腑和器官组织的亚健康问题及病变(图9-1、图9-2、图9-3)。通过对足部反射区按摩,可达到缓解和治疗对应脏腑器官组织的亚健康问题和病变的功效。

1. 头(大脑)部 头痛、头晕、头昏、脑血管病变等。

2. 额窦 感冒、头痛、鼻部疾病等。

3. 脑干、小脑 高血压、失眠、头晕(不平衡感)、头重等。

4. 脑下垂体 内分泌失调引起的病变,如甲状腺、甲状旁腺、肾上腺、胰功能失调等。

5. 颞叶、三叉神经 偏头痛、颜面神经麻痹、耳疾、失眠等。

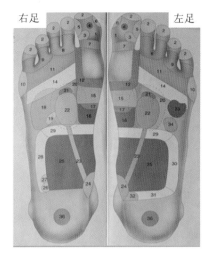

图 9-1　足底反射区

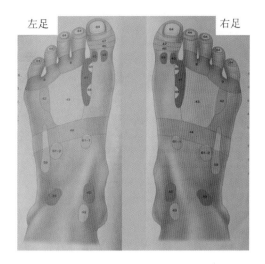

图 9-2　足背反射区

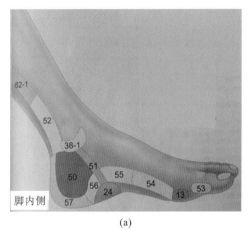

(a)　　　　　　　　　　　　(b)

图 9-3　脚侧面反射区

6. **鼻腔**　鼻过敏、鼻塞、鼻窦炎、鼻息肉等。

7. **颈项**　颈部酸痛、僵硬、扭拉伤害、高血压、落枕等。

8. **眼睛**　眼睛疲劳、结膜炎、角膜炎、近视、远视等。

9. **耳朵**　重听、耳鸣、晕眩、中耳炎等。

10. **肩部**　肩部疲劳、肩部疼痛。

11. **斜方肌**　肩颈部酸痛、肩颈部僵硬等。

12. **甲状腺**　甲状腺功能亢进或低下、心悸、肥胖、心脏病变等。

13. **甲状旁腺**　甲状旁腺功能亢进或低下、心悸、失眠等。

14. **肺和支气管**　咳嗽、胸闷、肺癌、肺炎、哮喘、肺气肿等。

15. **胃部**　胃痛、胃溃疡、胃胀气、胃炎、消化不良等。

16. **十二指肠**　腹部饱胀、消化不良、十二指肠溃疡等。

17. **胰脏**　糖尿病、胰腺炎、消化不良等。

18. **肝脏**　治疗肝炎、肝硬化、肝癌及肝功能失调引起的营养不良、疲劳等。

19. **胆囊**　胆结石、胆囊炎、黄疸、消化不良等。

20. 腹腔神经丛(太阳神经丛) 神经性胃肠病症,如胀气、腹泻、焦虑、失眠等。

21. 肾上腺 心律不齐、昏厥、气喘、风湿病、关节炎等。

22. 肾脏 肾功能不全、动脉硬化、风湿病、关节炎、湿疹、肾结石、肾脏病引起的水肿等。

23. 输尿管 排尿困难、输尿管结石、风湿病、关节炎、高血压、动脉硬化,输尿管狭窄积水等。

24. 膀胱 肾及输尿管结石、膀胱炎、膀胱结石、高血压等。

25. 小肠 急性肠炎、腹泻、腹部闷痛、疲倦、紧张、脱发等。

26. 盲肠(阑尾) 下腹胀气、盲肠炎等。

27. 回盲瓣 下腹胀气等。

28. 升结肠 便秘、腹泻、腹痛、肠炎等。

29. 横结肠 便秘、腹泻、腹痛、肠炎等。

30. 降结肠 便秘、腹泻、腹痛、肠炎等。

31. 直肠 便秘、直肠炎、直肠癌等。

32. 肛门 便秘、直肠炎、痔疮等。

33. 心脏 心绞痛、心力衰竭、心律失常等,对于高血压、中风患者的保健也有帮助。

34. 脾脏 贫血、食欲不振、感冒、发烧,增强抵抗力等。

35. 膝部关节 膝关节疼痛、风湿等。

36. 生殖腺(男性:睾丸,女性:卵巢、输卵管) 前列腺增生、不孕症、卵巢囊肿等。

37. 下腹部 痛经、盆腔及会阴部疾病。

38. 髋关节 坐骨神经痛、臀肌损伤、腰背痛等。

39. 上身淋巴结 各种炎症、发热、囊肿、肌瘤、癌症等。

40. 下身淋巴结 各种炎症、发热、囊肿、肌瘤、蜂窝性组织炎、腿部水肿、踝部肿胀、癌症等。

41. 胸部淋巴结 各种炎症、发热、囊肿、肌瘤、乳房或胸部肿瘤、胸痛等。

42. 内耳迷路(平衡器官) 头晕、眼花、晕车、晕船、耳鸣、高血压等。

43. 胸腔、乳房 胸腔气闷、乳房充血(经期前)、乳房囊肿、丰胸等。

44. 横膈膜 打嗝、横膈膜不适引起的腹部胀痛、恶心、呕吐等。

45. 扁桃体 扁桃体炎症等、发炎与肿胀、喉咙痛、扁桃体引起的头痛,提高免疫力。

46. 下颌(牙) 下颌牙炎症、感染及化脓、下颌关节炎、牙周病、牙痛、打鼾等。

47. 上颌(牙) 上颌牙炎症、感染及化脓、上颌关节炎、牙周病、牙痛等。

48. 喉部、气管 喉痛、气喘、咳嗽、气管炎、感冒、声音微弱、嘶哑等。

49. 腹股沟 生殖系统各种病变、性无能、疝气、女性不育症等。

50. 子宫或者前列腺 前列腺炎、尿频、尿急、子宫肌瘤、月经不调等。

51. 尿道 尿道炎、阴道炎、泌尿系统感染等。

52. 直肠、肛门 便秘、痔疮、脱肛等。

53. 颈椎 颈椎病、落枕、头晕、头痛等。

54. 胸椎 肩背酸痛、椎间盘突出等。

55. 腰椎 腰背酸痛、腰椎间盘突出、坐骨神经痛等。

56. 尾椎 便秘、不孕症、腰关节伤痛等。

57. 内尾骨 腹泻、便秘、坐骨神经痛等。

58. 外尾骨 坐骨神经痛、臀肌损伤等。

59. 肩胛骨 肩胛骨酸痛、肩关节疼痛、背痛、肩周炎等。

60. 肘关节 肘关节酸痛、风湿、肘关节炎等。

61. 外侧肋骨 肋骨的各种病变、胸闷、胸痛等。

62. 坐骨神经 腰腿疼痛、下肢关节炎等。

63. 手臂 颈椎病、上肢酸痛、麻痹等。

64. 脸部 脸部皮肤不适等。

二、足部护理方法

（一）足浴

足部药浴疗法（简称足浴）是以中医理论为基础，以经络、全息理论等为指导，选配合适的中草药煎煮成药液，通过药液对足部的浸泡、洗浴，进行治疗、保健的一种传统养生疗法（图9-4）。在浸泡的过程中，水的温热作用与药物的治疗作用可以相互影响，药物在热的作用下易被皮肤及腧穴吸收，从而发挥着治疗作用。普通的温水足浴仅有水的温热作用，而无药物的治疗作用，故普通的温水足浴防病治病、养生保健的效果稍差。

图 9-4　足浴

> **▌知识拓展▐**
>
> ### 足浴养生
>
> 在中医文化中，足浴疗法源远流长，它源于我国远古时代，至今已有3000多年的历史，是人们在长期社会实践中的知识积累和经验总结。通过不断的经验积累，人们逐渐认识到足浴不仅对人体有清洁去污的作用，还有保健治疗的作用。
>
> 古人曾经有过许多对足浴的经典记载和描述："春天洗脚，升阳固脱；夏天洗脚，暑湿可祛；秋天洗脚，肺润肠濡；冬天洗脚，丹田温灼。"
>
> 清朝外治法祖师曾道："临卧濯足，三阴皆起于足，指寒又从足心入，濯之所以温阴，而却寒也"。古人曰："晨起皮包水，睡前水包皮，健康又长寿，百岁不称奇。"

（二）足部按摩

足部按摩是运用手的技巧动作，对足部经穴及反射区施加特定的压力，进行有效的刺激，以达到调节人体各组织器官的机能，增强体质、预防疾病、缓解紧张状态，消除不适感的保健方法。

三、足部护理操作程序

（一）准备工作

1. 设备及用品准备 足浴木桶及热水、足浴沙发、足浴粉（中药包）、精油、天然浮石、去角质霜、足部按摩膏（按摩乳或按摩油）、润肤乳、袜子、浴巾或盖被、毛巾。

2. 环境准备 开空调，播放背景音乐。

3. 美容师准备 仪容、工作装、工作鞋等符合要求，戴口罩、消毒双手并保持温暖。

4. 顾客准备 协助顾客妥善保管随身携带的物品。请顾客脱鞋、袜并仰卧于足浴沙发，盖好毛巾、盖被。提前告诉顾客护理步骤、时间及护理的方法等，让顾客了解护理过程，做好心理准备。

（二）实施过程

1. 足浴

（1）选用木桶，能使膝关节以下被药液浸泡。

（2）加入热水，水温 40～55 ℃。

（3）选择中药包浸泡于水中。

（4）协助顾客泡脚，时间以 15～30 min 为宜。

2. 去角质　根据顾客足部状况选择啫喱型去角质霜，为顾客去角质。首先双手以点涂方式，涂抹去角质霜，然后以打圈方式去角质，最后用干净毛巾清洁足部。

3. 按摩方法　从头部的反射区开始按摩。因中枢神经主控着全身各器官组织的机能，头部是神经系统的高级综合中枢，肢体动作、内脏感觉和许多精神活动，都由大脑来控制。按摩顺序是：从左足开始，依次为足底、足内侧、足外侧、足背，接着进行整体按摩，最后按摩右足，顺序同左足，可运用多种手法按摩。

（1）单食指扣拳法：一手握住顾客足部，另一手半握拳，以食指中节近第一指间关节背侧按压。保持手指固定，用力点在第一指间关节，施力部位在手腕，双手协调用力进行点按或压刮，力要适中（图 9-5）。适应区域有：小脑和脑干、额窦、眼、耳、斜方肌、肺、胃、十二指肠、胰脏、肝脏、胆囊、肾上腺、肾脏、输尿管、腹腔神经丛、大肠、小肠、心脏、脾脏、性腺、垂体、足跟的生殖器、肾上腺、肾脏等。

（2）扣指法：拇指屈曲与其余四指分开成圆弧状，以四指为固定点，用拇指顶端进行按揉或推刮。着力点为拇指指尖，施力部位在大鱼际及拇指掌指关节，其余四指固定加力。力量应适中，以能忍受为度，勿按揉或推刮出皮肤褶皱（图 9-6）。适应区域包括小脑、三叉神经、鼻、颈项、扁桃腺、上下颌等。

（3）双指扣拳法：手握拳，中指、食指弯曲，均以第一指间关节凸出，拇指与其余两指握拳固定。着力点为中指、食指的第一指间关节；施力部位在手腕或掌指关节，拇指固定加力，动作应沉稳而灵活（图 9-7）。适应区域有小肠、横结肠、降结肠、直肠、腹腔神经丛、肝。

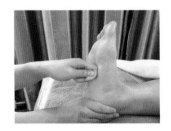
图 9-5　单食指扣拳法

图 9-6　扣指法

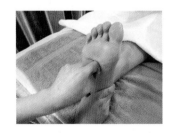
图 9-7　双指扣拳法

（4）双拇指扣掌法：双手张开成掌，拇指与其余四指分开，两拇指相互重叠，以拇指指腹进行压推。操作时以腕关节发力为主，动作宜缓慢柔和（图 9-8）。适应区域包括：肩胛骨、子宫（或前列腺）、肩关节、肘关节。

（5）双食指刮痧法：以双手伸直或屈曲的食指桡侧缘来刮压反射区。着力点为食指桡侧缘；施力部位在食指、中指、无名指和小指，腕部带动刮压（图 9-9）。适应区域包括：胸部淋巴结、内耳迷路、足外侧部生殖器、足内侧部子宫或前列腺。

（6）掌推加压法：一手拇指与其余四指分开，以拇指指腹进行推按，辅助手以掌按压于拇指之上，协助用力。操作手的拇指与另一只手的手掌应同时用力，动作协调，推动时不得左右斜偏（图9-10）。适应区域包括：胸椎、腰椎、骶椎、尾骨及内外两侧坐骨神经等。

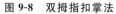

图 9-8　双拇指扣掌法　　　　图 9-9　双食指刮痧法　　　　图 9-10　掌推加压法

（7）单食指刮压法：以伸直或屈曲的食指桡侧缘来刮压反射区。着力点为食指桡侧缘；施力部位在肘关节或者腕关节，食指、中指、无名指和小指为支点，刮压的力度应该保持均匀（图9-11）。适应区域包括甲状腺、胸部淋巴结、内耳迷路、足外侧生殖器、足内侧子宫或前列腺。

（8）双拇指推掌法：双手拇指与其余四指分开约成60°角（视反射区而定），四指支撑或贴附于足部表面，以拇指指腹着力于反射区上稍用力按压，再进行单方向推抹。操作时以腕关节带动拇指施力（图9-12）。适应区域包括横膈膜、肩胛骨及内、外侧肋骨等。

（9）单食指勾拳法：一手食指、拇指略张开，其余三指握成拳状，以拇指支撑固定足内侧，以食指桡侧缘为着力点进行压刮。拇指与食指相对用力，以增加压力（图9-13）。适应区域有甲状腺、内耳、胸部淋巴结、喉头（气管）、内尾骨、外尾骨等。

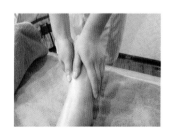
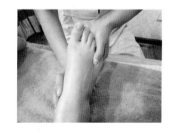

图 9-11　单食指刮压法　　　　图 9-12　双拇指推掌法　　　　图 9-13　单食指勾拳法

（10）多指扣拳法：以食指、中指、无名指和小指屈曲的第一指间关节来刺激反射区。着力点在食指、中指、无名指、小指屈曲的第一指间关节；拇指腹固定于食指侧，其余四指屈曲，掌指关节伸直，靠握拳之力刺激（图9-14）。适应区域：小肠。

（11）双指钳法：一手握足，另一手食指、中指弯曲成钳状，拇指按于食指桡侧，以食指中节或末节为着力点，夹住顾客的足趾，进行挤压。操作时中指起固定作用，以拇指、食指施力（图9-15）。适应区域：甲状旁腺、颈椎、肩关节等。

（12）拇指扣拳法：以屈曲的手指指间关节来刺激反射区。着力点在拇指屈曲的指间关节；施力部位是拇指掌指关节，其余四指固定发力。此方法易固定，力度适中，大多数反射区都适用，建议多使用（图9-16）。适应区域包括大脑、额窦、肾上腺、肾、斜方肌、肺、胃、十二指肠、胰脏、肝、胆囊、输尿管、大肠、心脏、脾脏等。

（13）拇指、食指扣拳法：双手拇指、食指张开，拇指关节微曲，食指第一指间关节弯曲呈90°直角，其余3指握拳，以食指第一指间关节为着力点进行点揉。此法刺激作用较强，力度适中，频率缓慢（图9-17）。适应区域包括躯体上、下淋巴结等。

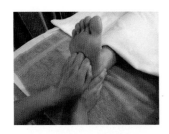

图 9-14　多指扣拳法

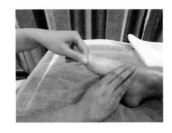

图 9-15　双指钳法

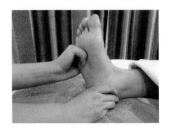

图 9-16　拇指扣拳法

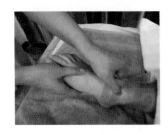

图 9-17　拇指、食指扣拳法

（三）润肤

按摩结束后，将润肤乳涂于足部，并轻拍至吸收。

（四）整理工作

整理工作区域环境，物品归位，被子、毛巾送清洁、消毒，以备下次使用。

（五）跟踪回访

疗程结束后均需进行跟踪回访。一方面可以更深入地指导顾客进行家居护理，并获得顾客的反馈信息；另一方面，对美容院的宣传和建立稳定的客源起着重要的作用。

四、足部护理的注意事项

（1）足浴时水温适中。

（2）足浴的时间在 15～30 min 为宜。

（3）饭前、饭后 30 min 内不宜进行足浴。

（4）药浴治疗时，有些药物可能引起水疱，应停止用药。

（5）有传染性皮肤疾病者，如足癣患者，应注意防止交叉传染。

（6）妊娠期及月经期、酗酒后神志不清者、精神病患者发作期不宜护理。

（7）老年体弱者或受力较差者不适宜做足部护理。

（8）在进行足浴时，由于足部及下肢血管扩张，血容量增加，可能引起头部缺血，出现头晕、头痛。

（9）足部护理的过程中及护理后注意保暖，以防感冒。

（10）操作结束后适当补充水分。

（11）日常选择穿舒适的鞋袜。

（12）秋冬季节注意足部保暖，避免出现冻疮或者关节炎。

本项目重点提示

（1）足部护理的定义、原理及作用。

（2）足部反射区定位及功效，足部护理的方法。

（3）足部护理的操作程序及注意事项。

能力检测

一、选择题

1. 不属于足部护理作用原理的是（   ）。

A. 血液循环学说　　B. 中医经络学说　　C. 精神应激学说　　D. 心理治疗学说

2. 不属于足浴作用的是（   ）。

A. 强身健体，延年益寿　　　　　　　B. 防治神经衰弱和失眠

C. 预防感冒、祛寒保暖　　　　　　　D. 美白肌肤

3. 对于足部反射区的功效，说法不正确的是（   ）。

A. 头（脑）部反射区改善头痛

B. 胃部反射区改善胃胀气、胃痛、胃炎、消化不良

C. 颈项反射区改善颈部酸痛、僵硬、血液循环不佳

D. 降结肠反射区不能改善便秘、腹泻、腹痛、肠炎

4. 足反射疗法适合的症状或人群有（   ）。

A. 消化道出血　　B. 身体疲劳者　　C. 孕妇　　　　　D. 月经期

5. 小李，24岁，超市收银员，有痛经史。通过足反射疗法调理痛经，下列选项不正确的是（   ）。

A. 子宫、卵巢反射区　　　　　　　　B. 脾脏反射区

C. 肾脏反射区　　　　　　　　　　　D. 生殖腺反射区

二、问答题

1. 足部护理的作用原理有哪些？

2. 简述足部护理的注意事项。

三、案例分析题

汪某，女，48岁，酒店服务员，长期穿高跟鞋。自述：足部大脚趾和小脚趾变形明显，足趾和足部形成厚茧。近来睡眠欠佳，肩颈部酸痛。

请结合顾客需求制定足部护理方案。

（陈志峰　梁超兰　阮夏君）

项目十 脱毛护理

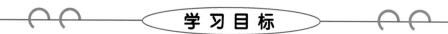
项 目 描 述

本项目主要介绍毛发的生理特点、脱毛的分类、脱毛的操作程序。学生通过学习本项目，能根据顾客的需求，选择合适的脱毛方式为顾客完成脱毛操作。

案例引导

陈某，女，26岁，公司员工。自诉双下肢小腿汗毛浓密粗长，影响美观，要求做永久性脱毛。

问题：

1. 请判断顾客能否做永久性脱毛项目。还需向顾客咨询哪些问题？
2. 如何向顾客介绍永久性脱毛的原理？
3. 向顾客介绍E光脱毛的治疗前准备、治疗后护理。

一、脱毛概述

（一）毛发的生理特点

毛发的生长周期分为生长期、退行期和休止期，呈周期性进行。处于生长期的毛发，毛乳头增大，毛母质细胞分裂加快，毛发呈生长状态；处于退行期的毛发，毛乳头逐渐缩小，毛发停止生长；处于休止期的毛发，缩小的毛乳头与毛囊分离，毛发脱落。随后新的毛乳头逐步再生，开始新的毛发的生长周期。

毛发长短不同生长周期也是不同的。一般长毛的生长期长，退行期和休止期短；短毛的生长期短而退行期和休止期长。

（二）脱毛的作用

脱毛是通过脱毛工具、仪器、产品祛除腋部、唇部、四肢等部位的毛发，达到光洁、美观的效果。

二、脱毛分类

（一）暂时性脱毛

暂时性脱毛是利用脱毛工具、脱毛剂或脱毛蜡等将皮肤表面的汗毛暂时去除，但不破坏毛囊的脱毛方法。

1. 工具脱毛　使用剃毛器、刀片、镊子将毛发剃除、刮掉、拔除的脱毛方法，属于物理性脱毛。

2. 蜡脱毛　将脱毛蜡涂于脱毛区皮肤，利用脱毛蜡的特殊黏合性，黏在毛发上，再以撕拉的方式将毛发除去的脱毛方法。脱毛腊分为冻蜡和热蜡两种。局部皮肤有外伤、炎症、皮炎、湿疹时禁用。蜡脱毛属于物理性脱毛。

3. 脱毛剂脱毛　利用脱毛剂中含有能够溶解毛发的化学成分，软化毛干部分，以达到脱毛的目的。脱毛剂包括脱毛液、脱毛膏及脱毛霜等产品。脱毛剂对皮肤刺激性较大，不宜频繁使用，过敏性皮肤慎用。脱毛剂脱毛属于化学性脱毛。

（二）永久性脱毛

利用仪器的原理破坏毛囊，使毛发脱去，不再长出新的毛发，达到永久性脱毛的目的。目前常用的有激光脱毛、E 光脱毛、OPT 脱毛等。E 光脱毛、OPT 脱毛属于永久性脱毛，只对生长期的毛发有脱毛作用，对退行期、休止期的毛发无明显作用，只有等这些毛发转入生长期后治疗才能起作用，所以需要多次治疗。

三、脱毛操作程序

（一）脱毛霜脱毛

1. 粘贴试验　在手腕处涂 1 分钱硬币大小脱毛霜，观察 24 h，无过敏反应即可使用。

2. 清洁皮肤　将需脱毛部位皮肤清洗干净，以减少对皮肤的刺激。

3. 涂脱毛霜　将脱毛霜顺毛发生长方向涂于需脱毛部位。

4. 卸脱毛霜　约 10 min 后，用刮板逆毛发生长方向将脱毛霜及汗毛一同刮除干净。

5. 清洁皮肤　将脱毛处皮肤清洗干净。

6. 涂护肤霜　在脱毛处涂护肤霜，滋润保湿，镇静皮肤。

（二）脱毛蜡脱毛

1. 冻蜡脱毛　冻蜡的主要成分为多种树脂，黏着性强，可溶于水，呈胶状。直接使用，无需加热，适用于各种皮肤。

（1）消毒：对脱毛区皮肤进行消毒。

（2）涂蜡：待皮肤干燥后涂蜡。用涂蜡棒取出冻蜡，薄而均匀地涂抹于长条布上，顺毛发方向在脱毛区皮肤上将布抹平、压紧。

（3）揭蜡：一手按住皮肤，一手逆毛发生长的方向快速撕下布条。

（4）清洁：将脱毛区的皮肤清洁干净。

（5）护肤：涂抹收缩水、舒缓霜或消炎药膏，镇静、安抚皮肤。

2. 热蜡脱毛 热蜡为蜂蜡与树脂混合而成。一般呈固体状态，使用前需将蜡加热熔化。注意不要烫伤顾客皮肤。敏感皮肤禁用。

（1）备蜡：用蜡疗机将蜡加热熔化，蜡的温度在 40～55 ℃为宜。

（2）消毒：对脱毛区皮肤进行消毒。

（3）涂蜡：涂蜡前先在前臂测试温度是否适宜，以免烫伤皮肤。涂蜡方法同冻蜡操作，涂抹较冻蜡略厚，动作要轻柔快速。

（4）揭蜡：一手按住皮肤，一手逆毛发生长的方向快速揭蜡。

（5）清洁：将脱毛区皮肤清洁干净。

（6）护肤：涂抹收缩水、舒缓霜或消炎药膏，镇静、安抚皮肤。

（三）E 光脱毛

E 光的核心技术是集表皮冷却技术、强脉冲光（IPL）治疗技术和射频（RF）技术为一体的结合治疗技术。在对表皮充分保护的前提下（表皮冷却技术），射频能量与强光优势互补，在光能强度较低的情况下强化靶组织对射频能的吸收，通过毛干和毛囊中的黑色素吸收并转化成为热能，升高毛囊温度。当温度上升到足够高时，毛囊结构发生不可逆转的破坏，已破坏的毛发和毛囊经过一段自然生理过程而去除，从而达到永久性脱毛的目的。脱毛的次数为 3～6次，治疗间隔时间为 30～45 天，与毛发生长周期及颜色有关。

1. 准备工作

（1）判断皮肤：咨询判断顾客有关情况，排除治疗禁忌证。如疱疹、皮肤病，皮肤有破损、光源过敏、孕期、瘢痕体质、严重糖尿病、高血压、装有心脏起搏器者均禁止 E 光脱毛。

（2）签订治疗协议并拍照：建立顾客档案，拍照并存档，签订治疗协议。

（3）启动待机：启动后待机 3 min，确保水完全循环，检查治疗窗口制冷是否正常。

（4）清洁：用洁肤品彻底清洗治疗区域，包括口红或化妆品，以免色素吸收光能后引起灼伤。

（5）备皮：治疗部位毛发需刮除，刮至 1 mm 左右。

（6）戴防护眼罩：给顾客戴上专用防护眼罩，操作者佩戴专用防护眼罩、口罩和医用手套。

2. 治疗过程

（1）涂冷凝胶：在治疗部位均匀涂抹 2 mm 左右冷凝胶，起护肤降温、减少疼痛的作用。

（2）参数调节：选择从较小能量参数开始，在治疗部位小面积脱毛治疗，观察顾客皮肤适应状况，根据皮肤变化、顾客感觉、皮肤厚度、皮肤色素深浅将能量参数调节至适合顾客的皮肤。

（3）E 光治疗：将治疗窗口垂直并紧贴皮肤，不可重压或翘起，否则严重影响治疗效果或容易引起皮肤灼伤。观察治疗过程中顾客皮肤反应，发现不适及时调整能量及参数。

（4）清洗：将使用过的冷凝胶（内含毛发）清洁干净。

（5）冷敷：治疗完毕冷敷治疗部位，减轻皮肤发红发热症状，起镇静舒缓作用。

3. 治疗后护理

（1）常温清水清洗，避免对治疗部位进行直接或间接热刺激。可少量均匀涂抹修复啫喱、脱毛修复液。

（2）避光防晒。

（四）OPT 脱毛

OPT 脱毛是采用宽光谱 610～1000 nm 的强脉冲光,利用光的选择性光热解原理,阻止毛囊中的黑色素细胞对特定波段光的吸收,使毛囊温度迅速升高而坏死,从而达到永久性脱毛的效果。OPT 脱毛能对人体各个部位皮肤毛发进行永久性脱毛。

1．准备工作

（1）确定治疗方案:观察、分析顾客皮肤类型,检查毛发情况,排除治疗禁忌证,确定治疗方案。

（2）签订治疗协议并拍照:建立顾客档案,拍照并存档。签订治疗协议。

（3）备皮:治疗部位毛发长的需刮至 1 mm 左右。

（4）清洁:用洁肤品彻底清洗治疗区域。

（5）戴防护眼罩:给顾客戴上专用防护眼罩。操作者佩戴专用防护眼罩、口罩和医用手套。

（6）预热机器。

2．治疗过程

（1）参数设置:打开控制面板,根据治疗需要及顾客耐受程度设置脉宽、脉冲数等各项参数,并将它们调节到最佳组合状态。

（2）涂冷凝胶:在脱毛的部位敷上冷凝胶,以防止强光灼伤皮肤,减轻顾客疼痛。

（3）OPT 治疗:光头垂直接触治疗区,轻压后发射光斑,观察治疗过程中顾客皮肤反应,发现有不适现象及时调整能量及参数。

（4）清洗:将使用过的冷凝胶(内含毛发)清洁干净。

（5）冷敷:治疗完毕冷敷治疗部位,起到缓解、消除红热作用。

3．治疗后护理

（1）常温清水清洗,避免对治疗部位进行直接或间接热刺激。可少量均匀涂抹修复啫喱、脱毛修复液。

（2）避光防晒。

本项目重点提示

（1）毛发的生长周期分为生长期、退行期和休止期,呈周期性进行。不同的毛发其生长周期是不同的。生长期的毛发呈生长状态;退行期的毛发停止生长;休止期的毛发开始脱落。

（2）脱毛常用方法有脱毛霜脱毛、脱毛蜡脱毛、E 光脱毛、OPT 脱毛。

（3）脱毛霜脱毛、脱毛蜡脱毛、E 光脱毛、OPT 脱毛的操作方法。

能力检测

一、选择题

1. 毛发的生长周期不包括(   )。

A. 休止期　　　　　 B. 退行期　　　　　 C. 生长期　　　　　 D. 潜伏期

2. OPT 脱毛是利用毛囊中的(   )对特定波段的光的吸收,使毛囊温度迅速升高而坏死达到永久脱毛。

A. 朗格汉斯细胞　　B. 麦克尔细胞　　　C. 黑色素细胞　　D. 未定类细胞

3. 以下不属于永久性脱毛的是（　　）。

A. E光脱毛　　　　B. OPT脱毛　　　C. 脱毛霜脱毛　　D. 激光脱毛

二、问答题

为什么OPT脱毛需做多次治疗才能达到较好的效果？

三、案例分析题

李某,女,22岁,公司员工。自诉腋窝处汗毛多,要求做永久性脱毛。查体:腋窝处汗毛较黑较长较密,局部皮肤无感染及皮肤病。咨询顾客:身体健康,无其他严重的系统疾病,无遗传病及传染病。

请结合顾客需求制定治疗方案。

（王　艳）

参考文献

CANKAOWENXIAN

[1] 汤明川.美容指导・身体护理[M].上海:上海交通大学出版社,2009.
[2] 张湖德,马烈光.实用美容大全[M].3版.北京:人民军医出版社,2008.
[3] 陈景华.美容保健技术[M].北京:人民卫生出版社,2010.
[4] 施俊.中国传统养生学[M].北京:湖北科学技术出版社,2008.
[5] 耿兵.美容护理基础[M].上海:上海交通大学出版社,2007.
[6] 陈丽娟.美容皮肤科学[M].2版.北京:人民卫生出版社,2014.
[7] 张卫明,袁昌齐,张茹云,等.芳香疗法和芳香植物[M].南京:东南大学出版社,2009.
[8] 陈香兰.芳香整体疗法[M].广州:广州丽源有限公司,1996.
[9] 姜勇清.美容与造型[M].2版.北京:高等教育出版社,2010.
[10] 王恒中,王晓晨.手足按摩图典[M].北京:中国轻工业出版社,2008.
[11] 蓝晓步,刘亚玲,纪剑峰.人体经络使用图册[M].南京:江苏科学技术出版社,2011.
[12] 徐平.人体经络穴位使用图册[M].北京:化学工业出版社,2011.
[13] 赖维,刘玮.美容化妆品学[M].北京:科学技术出版社,2006.
[14] 晏志勇.美容营养学[M].北京:人民卫生出版社,2010.
[15] 张董晓,张董吉.一本书读懂乳房疾病[M].郑州:中原农民出版社,2014.
[16] 乔国华.现代美容实用技术[M].北京:高等教育出版社,2005.
[17] 张丽宏.美容实用技术[M].北京:人民卫生出版社,2014.
[18] 周新,周耕野,幸小玲.足反射疗法[M].北京:中国医药科技出版社,2010.
[19] 周新.足部放射疗法[M].沈阳:辽宁科学技术出版社,2008.
[20] 宋书功,刘德军,刘桂林.手握健康——掌纹中的健康密码[M].北京:中医古籍出版社,2010.